量	記号	単位名	単位記号	
エネルギー	E	ジュール	J	
		電子ボルト	eV	
仕事率，電力	P	ワット	W	$=$ J/s $=$ m²·kg·s
絶対温度	T	ケルビン	K	(SI 基本単位)
熱容量	C	ジュール毎ケルビン	J/K	$=$ m²·kg·s⁻²·K⁻¹
物質量	n	モル	mol	(SI 基本単位)
電流	I	アンペア	A	(SI 基本単位)
電気量	Q, q	クーロン	C	$=$ s·A
電位，電圧	V	ボルト	V	$=$ W/A $=$ m²·kg·s⁻³·A⁻¹
電場の強さ	E	ボルト毎メートル	V/m	$=$ N/C $=$ m·kg·s⁻³·A⁻¹
電気容量	C	ファラド	F	$=$ C/V $=$ m⁻²·kg⁻¹·s⁴·A²
電気抵抗	R	オーム	Ω	$=$ V/A $=$ m²·kg·s⁻³·A⁻²
磁束	Φ	ウェーバー	Wb	$=$ V·s $=$ m²·kg·s⁻²·A⁻¹
磁束密度	B	テスラ	T	$=$ Wb/m² $=$ kg·s⁻²·A⁻¹
磁場の強さ	H	アンペア毎メートル	A/m	
インダクタンス	L	ヘンリー	H	$=$ Wb/A $=$ m²·kg·s⁻²·A⁻²

主な物理定数

名称	記号と数値	単位
真空中の光速	$c = 2.99792458 \times 10^8$	m/s
真空中の透磁率	$\mu_0 = 4\pi \times 10^{-7} = 1.256637\cdots \times 10^{-6}$	N/A²
真空中の誘電率	$\varepsilon_0 = 1/c^2\mu_0 = 8.8541878\cdots \times 10^{-12}$	F/m
万有引力定数	$G = 6.67428(67) \times 10^{-11}$	N·m²/kg²
標準重力加速度	$g = 9.80665$	m/s²
熱の仕事当量(≒1gの水の熱容量)	4.18605	J
乾燥空気中の音速(0℃, 1atm)	331.45	m/s
1molの理想気体の体積(0℃, 1atm)	$2.2413996(39) \times 10^{-2}$	m³
絶対零度	-273.15	℃
アボガドロ定数	$N_A = 6.02214179(30) \times 10^{23}$	1/mol
ボルツマン定数	$k_B = 1.3806504(24) \times 10^{-23}$	J/K
気体定数	$R = 8.314472(15)$	J/(mol·K)
プランク定数	$h = 6.62606896(33) \times 10^{-34}$	J·s
電子の電荷(電気素量)	$e = 1.602176487(40) \times 10^{-19}$	C
電子の質量	$m_e = 9.10938215(45) \times 10^{-31}$	kg
陽子の質量	$m_p = 1.672621637(83) \times 10^{-27}$	kg
中性子の質量	$m_n = 1.674927211(84) \times 10^{-27}$	kg
リュードベリ定数	$R = 1.0973731568527(73) \times 10^7$	m⁻¹
電子の比電荷	$e/m_e = 1.758820150(44) \times 10^{11}$	C/kg
原子質量単位	$1u = 1.660538782(83) \times 10^{-27}$	kg
ボーア半径	$a_0 = 5.2917720859(36) \times 10^{-11}$	m
電子の磁気モーメント	$\mu_e = 9.28476377(23) \times 10^{-24}$	J/T
陽子の磁気モーメント	$\mu_p = 1.410606662(37) \times 10^{-26}$	J/T

＊( )内の2桁の数字は，最後の2桁に誤差(標準偏差)があることを表す．

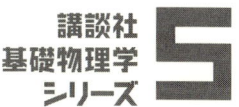

講談社
基礎物理学
シリーズ 5

二宮正夫・北原和夫・並木雅俊・杉山忠男 | 編

伊藤克司 著

解析力学

講談社

推薦のことば

　講談社から創業100周年を記念して基礎物理学シリーズが企画されている。著者等企画内容を見ると面白いものが期待される。

　20世紀は物理の世紀と言われたが，現在では，必ずしも人気の高い科目ではないようだ。しかし，今日の物質文化・社会活動を支えているものの中で物理学は大きな部分を占めている。そこへの入口として本書の役割に期待している。

益川敏英
2008年度ノーベル物理学賞受賞
京都産業大学教授

本シリーズの読者のみなさまへ

「講談社基礎物理学シリーズ」は，物理学のテキストに，新風を吹き込むことを目的として世に送り出すものである．

本シリーズは，新たに大学で物理学を学ぶにあたり，高校の教科書の知識からスムーズに入っていけるように十分な配慮をした．内容が難しいと思えることは平易に，つまずきやすいと思われるところは丁寧に，そして重要なことがらは的を絞ってきっちりと解説する，という編集方針を徹底した．

特長は，次のとおりである．

● 例題・問題には，物理的本質をつき，しかも良問を厳選して，できる限り多く取り入れた．章末問題の解答も略解ではなく，詳しく書き，導出方法もしっかりと身に付くようにした．
● 半期の講義におよそ対応させ，各巻を基本的に12の章で構成し，読者が使いやすいようにした．1章はおよそ90分授業1回分に対応する．また，本文ではないが，是非伝えたいことを「10分補講」としてコラム欄に記すことにした．
● 執筆陣には，教育・研究において活躍している物理学者を起用した．

理科離れ，とくに物理アレルギーが流布している昨今ではあるが，私は，元来，日本人は物理学に適性を持っていると考えている．それは，我が国の誇るべき先達である長岡半太郎，仁科芳雄，湯川秀樹，朝永振一郎，江崎玲於奈，小柴昌俊，直近では，南部陽一郎，益川敏英，小林誠の各博士の世界的偉業が示している．読者も「基礎物理学シリーズ」でしっかりと物理学を学び，この学問を基礎・基盤として，大いに飛躍してほしい．

二宮正夫
前日本物理学会会長
京都大学名誉教授

まえがき

　本書は，大学初年度で力学，電磁気学の初歩を学んだ学部学生が，解析力学を学ぶためのテキストを想定して書かれている。そのためいくつかの数学的事項（ベクトル解析，線形代数や偏微分、多重積分）についてもある程度の知識を仮定している。ただし必要な公式については本文中でその都度説明している。

　解析力学は，力学をより抽象的な形式にまとめあげたものであるが、その抽象さゆえ、力学の問題を解く上で一般的かつ強力な方法を与える。またその定式化、論理構成は物理のあらゆる分野の基礎となるものである。

　通常、解析力学の教科書は変分法の解説からはじめ、ラグランジュ形式，ハミルトンの形式と進んでいく論理構成をとっている。確かに，解析力学を系統だって説明するにはこの方法が最も明快であるし，一度解析力学を学んだ後で復習する際には，この順で勉強するのが最も早いと思われる。本書は，まずラグランジュ形式を十分に活用できるまで説明を行ったあとで，変分法，ハミルトン形式という方法をとった。これは，まずラグランジュ形式という，比較的扱いやすい方法をマスターして解析力学の有用性を納得してもらうのがよいと考えたからである。

　式の変形，導出は丁寧に説明したつもりである。例，例題を自分で手を動かしながら確認していくことにより理解が進むはずである。本書を書くにあたり，編者の方には原稿に的確なコメントを与えていただき，内容を大いに改善することができた。ここに深く感謝したい。また講談社サイエンティフィクの編集部の方には本書の完成にあたり大変お世話になった。ここに厚くお礼を述べたい。

2009 年 6 月
伊藤克司

講談社基礎物理学シリーズ
解析力学 目次

推薦のことば　iii
本シリーズの読者のみなさまへ　iv
まえがき　v

第1章　直交座標と極座標　1

1.1　直線上の運動　1
1.2　平面内の運動　2
1.3　空間内の運動　8

第2章　ニュートン力学から解析力学へ　15

2.1　ラグランジュの運動方程式　15
2.2　ラグランジュの運動方程式の例　22

第3章　一般化座標とラグランジュの運動方程式　27

3.1　N 質点系のラグランジアン　27
3.2　一般化座標　31
3.3　一般化座標での運動方程式　33
3.4　一般化座標とラグランジュの運動方程式　36

第4章　保存量　38

4.1　エネルギーの保存　38
4.2　循環座標　40
4.3　運動量の保存　42
4.4　角運動量の保存　43
4.5　対称性と保存則　45

第5章 ラグランジュの運動方程式と束縛条件　48

5.1　束縛条件と一般化座標　48
5.2　時間に依存する束縛条件　53

第6章 加速度系における運動方程式　57

6.1　原点が加速度運動する系における運動　57
6.2　座標系の回転　59
6.3　回転系における速度ベクトル　62
6.4　回転座標系における運動方程式　66

第7章 剛体の運動　73

7.1　剛体の自由度　73
7.2　剛体の運動エネルギー　74
7.3　オイラー角　79
7.4　対称こまの運動　84

第8章 微小振動　88

8.1　1次元の振動　88
8.2　多自由度系の微小振動　91
8.3　基準振動と基準座標　92
8.4　多自由度の振動　100

第9章 変分原理　105

9.1　オイラー方程式　105
9.2　ハミルトンの原理　111
9.3　束縛条件と条件付き変分問題　112

第10章 ハミルトンの正準方程式　118

10.1　一般化座標と一般化運動量　118
10.2　ルジャンドル変換　119
10.3　ハミルトンの正準方程式　121
10.4　変分原理とハミルトンの正準方程式　124
10.5　相空間内での運動　127

第11章 正準変換　132

11.1　正準変換　132
11.2　ポアソンの括弧式　138
11.3　正準変換とポアソンの括弧式　144
11.4　対称性と保存量　147

第12章 ハミルトン-ヤコビの方程式　151

12.1　作用と正準変換　151
12.2　ハミルトン-ヤコビの方程式　155

章末問題解答　162

第1章

まずニュートン力学の復習からはじめ，ニュートンの運動方程式を直交座標や極座標で表して，その性質を調べる。これは，次章以降のラグランジアンによる運動方程式の構成の基礎となる。

直交座標と極座標

1.1 直線上の運動

はじめに一直線上の質点の運動を考えることにしよう。質点の位置は，直線上のある点 O を原点とする座標軸を決めると，座標 x により定まる。質点の**速度** v と**加速度** a は，それぞれ x の 1 階微分，2 階微分で与えられ

$$v = \frac{dx}{dt}, \ a = \frac{d^2x}{dt^2} \tag{1.1}$$

となる。時間についての 1 階微分を $\dot{x}$，2 階微分を $\ddot{x}$ とも書く。質点の質量を m とし，力 F_x が働くとき，運動方程式は

$$m\frac{d^2x}{dt^2} = F_x \tag{1.2}$$

となる。

図1.1　1次元座標

例1.1　**自由落下**

質量 m の質点を水平面から高さ h の位置で手を離し自由落下させる。

上向きに z 軸をとると運動方程式は
$$m\ddot{z} = -mg \tag{1.3}$$
となる。ただし g は重力加速度である。この微分方程式の解は
$$z = h - \frac{1}{2}gt^2 \tag{1.4}$$
で与えられる。

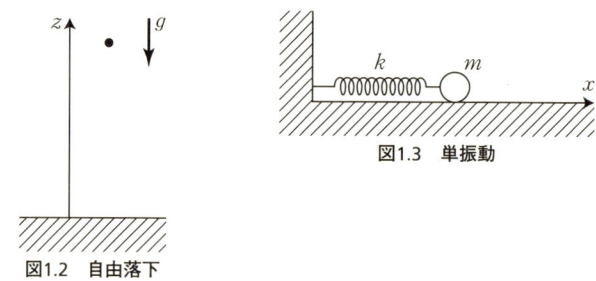

図1.2　自由落下

図1.3　単振動

例1.2　単振動（調和振動子）

ばね定数 k のばねにつながれた質量 m の質点の運動方程式は，ばねの自然長からのずれの位置を x とすると，
$$m\ddot{x} = -kx \tag{1.5}$$
となる。この微分方程式の解は
$$x = A\sin(\omega t + \alpha), \quad \omega = \sqrt{\frac{k}{m}} \quad A, \alpha \text{ は定数} \tag{1.6}$$
となる。ω を角振動数という。

1.2　平面内の運動

直交座標

　質点の平面内での運動を記述するためには，**直交座標（デカルト座標）**を用いて質点の位置を表現し，その時間的な変化を調べればよい。図1.4のように原点 O を中心とする x 軸，y 軸をとり，質点の位置を座標 (x, y) で表す。x 軸方向の単位ベクトルを e_1，y 軸方向の単位ベクトルを e_2 とすると，質点の位置ベクトル r は

$$\boldsymbol{r} = x\boldsymbol{e}_1 + y\boldsymbol{e}_2 \tag{1.7}$$

と表される。$\boldsymbol{e}_1$, $\boldsymbol{e}_2$ を成分で表したいときは縦ベクトルで

$$\boldsymbol{e}_1 = \begin{pmatrix} 1 \\ 0 \end{pmatrix}, \quad \boldsymbol{e}_2 = \begin{pmatrix} 0 \\ 1 \end{pmatrix} \tag{1.8}$$

と表すことにする。すると位置ベクトルは

$$\boldsymbol{r} = \begin{pmatrix} x \\ y \end{pmatrix} \tag{1.9}$$

と表される。

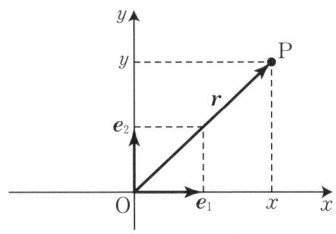

図1.4　2次元直交座標

質点の位置が時間的に変化するとき、座標 (x, y) は時刻 t の関数となる。これをはっきりと表現するために $(x(t), y(t))$ と書くと、時刻 t における質点の位置ベクトル $\boldsymbol{r}(t)$ は

$$\boldsymbol{r}(t) = x(t)\boldsymbol{e}_1 + y(t)\boldsymbol{e}_2 \tag{1.10}$$

となり、その**速度**ベクトル $\boldsymbol{v}(t)$, **加速度**ベクトル $\boldsymbol{a}(t)$ は、それぞれ $\boldsymbol{r}(t)$ の時刻 t についての 1 階微分 $\dfrac{\mathrm{d}\boldsymbol{r}(t)}{\mathrm{d}t}$ および 2 階微分 $\dfrac{\mathrm{d}^2\boldsymbol{r}(t)}{\mathrm{d}t^2}$ で表され

$$\boldsymbol{v}(t) = \frac{\mathrm{d}}{\mathrm{d}t}\boldsymbol{r}(t) = \frac{\mathrm{d}x(t)}{\mathrm{d}t}\boldsymbol{e}_1 + \frac{\mathrm{d}y(t)}{\mathrm{d}t}\boldsymbol{e}_2 \tag{1.11}$$

$$\boldsymbol{a}(t) = \frac{\mathrm{d}^2}{\mathrm{d}t^2}\boldsymbol{r}(t) = \frac{\mathrm{d}^2x(t)}{\mathrm{d}t^2}\boldsymbol{e}_1 + \frac{\mathrm{d}^2y(t)}{\mathrm{d}t^2}\boldsymbol{e}_2 \tag{1.12}$$

となる。つまり直交座標では速度ベクトル $\boldsymbol{v}(t)$ の x 成分および y 成分は、$\boldsymbol{r}(t)$ の x 座標、y 座標を時間微分して得られる。加速度ベクトル $\boldsymbol{a}(t)$ の場合も同様に、各座標を t について 2 階微分すればよい。

第1章 直交座標と極座標

極座標

　直交座標は質点の運動を記述するのには一般的ではあるが，他の座標を用いた方が便利な場合がある。ここでは**極座標**（3次元の場合と区別する場合は**平面極座標**ともいう）を考えよう。極座標はたとえば万有引力のもとでの惑星の運動（ケプラー運動）を記述する際に用いられる。極座標では，質点の位置を直交座標 (x, y)

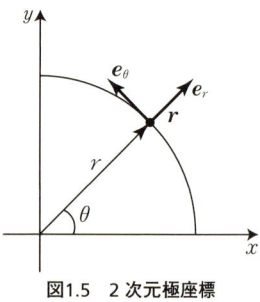

図1.5　2次元極座標

の代わりに，原点Oからの距離 r と位置ベクトル $\boldsymbol{r}$ と x 軸のなす角 θ の組 (r, θ) で表す。r を**動径**と呼ぶ。極座標 (r, θ) と直交座標 (x, y) の関係は図1.5からわかるように

$$x = r\cos\theta, \quad y = r\sin\theta \tag{1.13}$$

となり，これを逆に解けば

$$r = \sqrt{x^2 + y^2}, \quad \theta = \tan^{-1}\frac{y}{x} \tag{1.14}$$

と表される。この関係式を用いると，質点の位置ベクトル $\boldsymbol{r}$ (1.7) は極座標 (r, θ) で表すことができるが，基底ベクトル $\boldsymbol{e}_1$, $\boldsymbol{e}_2$ は直交座標を定義する際に導入されたものであり，直交座標と極座標が入り混じった式になる。では，極座標に対して自然な基底ベクトルはどういうものであり，それにより速度ベクトルや加速度ベクトルはどう表現されるだろうか？

　直交座標に立ち戻って基底ベクトル $\boldsymbol{e}_1$, $\boldsymbol{e}_2$ の意味を考え直してみよう。位置ベクトルの式 (1.7) において，その微小変化 $\boldsymbol{r} \to \boldsymbol{r} + \delta\boldsymbol{r}$ を考えよう。y 座標を固定して x 座標だけを微小変化させると位置ベクトルは

$$\delta\boldsymbol{r} = \delta x \, \boldsymbol{e}_1$$

だけ微小変化する。同様に x を動かさず，y 座標だけを δy だけ動かすと，位置ベクトルは

$$\delta\boldsymbol{r} = \delta y \, \boldsymbol{e}_2$$

だけ変化する。つまり $\boldsymbol{e}_1$ は，x 座標のみを微小変化させたとき，位置ベクトルの変化する向きと同じ向きを持つ単位ベクトル（長さ＝1のベクトル）とみなすことができる。同様に，$\boldsymbol{e}_2$ は y 座標のみを微小変化させたときに対応するベクトルであるとみなすことができる。

4

このように考えると，極座標 (r, θ) における自然な基底ベクトルは，動径 r のみを微小変化させたときの位置ベクトルの変化方向の単位ベクトル $\bm{e}_r$，さらに角 θ のみを微小変化させたときの位置ベクトルの変化方向の単位ベクトル $\bm{e}_\theta$ であろう．この微小変化は，(x, y) を (r, θ) の関数とみなし，微分 dx, dy を**偏微分**を使って，dr と $d\theta$ で表すことにより得られる．実際

$$dx = \frac{\partial x}{\partial r} dr + \frac{\partial x}{\partial \theta} d\theta \tag{1.15}$$

$$dy = \frac{\partial y}{\partial r} dr + \frac{\partial y}{\partial \theta} d\theta \tag{1.16}$$

と表され，さらに (1.13) から偏微分を求めると

$$\frac{\partial x}{\partial r} = \cos\theta, \quad \frac{\partial x}{\partial \theta} = -r\sin\theta \tag{1.17}$$

$$\frac{\partial y}{\partial r} = \sin\theta, \quad \frac{\partial y}{\partial \theta} = r\cos\theta \tag{1.18}$$

となるので，微小変位 $d\bm{r} = \begin{pmatrix} dx \\ dy \end{pmatrix}$ は

$$d\bm{r} = \bm{e}_r\, dr + r\, \bm{e}_\theta\, d\theta \tag{1.19}$$

と書かれることがわかる．ここで

$$\bm{e}_r = \begin{pmatrix} \cos\theta \\ \sin\theta \end{pmatrix}, \quad \bm{e}_\theta = \begin{pmatrix} -\sin\theta \\ \cos\theta \end{pmatrix} \tag{1.20}$$

で与えられる．式 (1.19) で $\bm{e}_\theta$ の前に係数 r がつくのは，$\bm{e}_\theta$ を単位ベクトルとなるように規格化したからである．この基底ベクトル $\bm{e}_r$, $\bm{e}_\theta$ を用いると位置ベクトルは

$$\bm{r} = \begin{pmatrix} r\cos\theta \\ r\sin\theta \end{pmatrix} = r\,\bm{e}_r \tag{1.21}$$

と表される．速度ベクトル $\dfrac{d\bm{r}}{dt}$ は，式 (1.19) の両辺を dt で割って

$$\frac{d\bm{r}}{dt} = \bm{e}_r \frac{dr}{dt} + r\bm{e}_\theta \frac{d\theta}{dt} \tag{1.22}$$

で表される．速度の動径方向の成分 v_r と角度方向の成分 v_θ は

$$v_r = \frac{dr}{dt}, \quad v_\theta = r\frac{d\theta}{dt} \tag{1.23}$$

で与えられる。$\dfrac{\mathrm{d}\theta}{\mathrm{d}t}$ は**角速度**と呼ばれる。

　直交座標では (1.11) でわかるように，速度ベクトルの成分は各座標の時間微分で得られる。一方，極座標における速度ベクトルは，(1.21) において，$\bm{e}_r$ の係数 r をその微分で置き換えて得られる (1.22) の第 1 項の他に余分な第 2 項が存在する。この項が現れる理由は，r 方向の基底ベクトル $\bm{e}_r$ が角 θ に依存しているため，時間的に変化するからである。実際 $\bm{e}_r, \bm{e}_\theta$ を t で微分すると

$$\frac{\mathrm{d}}{\mathrm{d}t}\bm{e}_r = \begin{pmatrix} -\sin\theta \\ \cos\theta \end{pmatrix} \frac{\mathrm{d}\theta}{\mathrm{d}t} = \bm{e}_\theta \frac{\mathrm{d}\theta}{\mathrm{d}t}$$

$$\frac{\mathrm{d}}{\mathrm{d}t}\bm{e}_\theta = \begin{pmatrix} -\cos\theta \\ -\sin\theta \end{pmatrix} \frac{\mathrm{d}\theta}{\mathrm{d}t} = -\bm{e}_r \frac{\mathrm{d}\theta}{\mathrm{d}t} \tag{1.24}$$

となり，(1.21) を時間微分した結果は確かに (1.22) となることがわかる。極座標における加速度ベクトル $\dfrac{\mathrm{d}^2\bm{r}}{\mathrm{d}t^2}$ は，(1.22) をさらに時間微分すればよい。(1.24) を用いてそれを計算してみると

$$\begin{aligned}
\frac{\mathrm{d}^2\bm{r}}{\mathrm{d}t^2} &= \frac{\mathrm{d}}{\mathrm{d}t}\left(\bm{e}_r \frac{\mathrm{d}r}{\mathrm{d}t} + r\bm{e}_\theta \frac{\mathrm{d}\theta}{\mathrm{d}t}\right) \\
&= \frac{\mathrm{d}^2 r}{\mathrm{d}t^2}\bm{e}_r + \frac{\mathrm{d}r}{\mathrm{d}t}\frac{\mathrm{d}\bm{e}_r}{\mathrm{d}t} + \frac{\mathrm{d}}{\mathrm{d}t}\left(r\frac{\mathrm{d}\theta}{\mathrm{d}t}\right)\bm{e}_\theta + r\frac{\mathrm{d}\theta}{\mathrm{d}t}\frac{\mathrm{d}\bm{e}_\theta}{\mathrm{d}t} \\
&= \left(\frac{\mathrm{d}^2 r}{\mathrm{d}t^2} - r\left(\frac{\mathrm{d}\theta}{\mathrm{d}t}\right)^2\right)\bm{e}_r + \left(2\frac{\mathrm{d}r}{\mathrm{d}t}\frac{\mathrm{d}\theta}{\mathrm{d}t} + r\frac{\mathrm{d}^2\theta}{\mathrm{d}t^2}\right)\bm{e}_\theta
\end{aligned} \tag{1.25}$$

となる。したがって，加速度の動径方向の成分 a_r と角度方向の成分 a_θ は

$$a_r = \frac{\mathrm{d}^2 r}{\mathrm{d}t^2} - r\left(\frac{\mathrm{d}\theta}{\mathrm{d}t}\right)^2, \quad a_\theta = 2\frac{\mathrm{d}r}{\mathrm{d}t}\frac{\mathrm{d}\theta}{\mathrm{d}t} + r\frac{\mathrm{d}^2\theta}{\mathrm{d}t^2} \tag{1.26}$$

となる。$\bm{e}_r, \bm{e}_\theta$ は正規直交系をなす。つまり

$$\bm{e}_r \cdot \bm{e}_r = \bm{e}_\theta \cdot \bm{e}_\theta = 1, \quad \bm{e}_r \cdot \bm{e}_\theta = 0 \tag{1.27}$$

が成り立つことを確かめることができる。

極座標における運動方程式

　質量 m の質点に力 $\bm{F}$ が働く場合，その運動方程式は加速度ベクトルを $\bm{a}$ とすると

$$m\bm{a} = \bm{F} \tag{1.28}$$

で与えられる。力 $\bm{F}$ を直交座標で

$$\boldsymbol{F} = F_x\,\boldsymbol{e}_1 + F_y\,\boldsymbol{e}_2 \tag{1.29}$$

と表すと，運動方程式は x, y 成分で書くことができて

$$m\frac{d^2 x}{dt^2} = F_x, \quad m\frac{d^2 y}{dt^2} = F_y \tag{1.30}$$

となる。

> **例1.3** 放物運動

質点を水平面から高さ h の位置から，水平面に対し角度 θ の方向に初速度 v_0 で投げ上げる。このときの運動方程式は

$$\begin{aligned} m\ddot{x} &= 0 \\ m\ddot{z} &= -mg \end{aligned} \tag{1.31}$$

となり，解は

$$\begin{aligned} x &= v_0\, t \cos\theta \\ z &= h + v_0\, t \sin\theta - \frac{1}{2} g t^2 \end{aligned} \tag{1.32}$$

となる。

運動方程式を極座標で表現するとどうなるであろうか。力 $\boldsymbol{F}$ を

$$\boldsymbol{F} = F_r\,\boldsymbol{e}_r + F_\theta\,\boldsymbol{e}_\theta \tag{1.33}$$

と分解すると，極座標における加速度の式 (1.25) により

$$\begin{aligned} m\left\{\frac{d^2 r}{dt^2} - r\left(\frac{d\theta}{dt}\right)^2\right\} &= F_r \\ m\left\{2\,\frac{dr}{dt}\frac{d\theta}{dt} + r\frac{d^2\theta}{dt^2}\right\} &= F_\theta \end{aligned} \tag{1.34}$$

を得る。この2つの運動方程式は見かけは異なって見えるが，ベクトルの形の運動方程式 (1.28) を異なる座標系で表しただけであり，まったく同等な式である。

> **例題1.1** 万有引力ポテンシャルのもとでの運動

静止した質量 M の物体がつくる万有引力ポテンシャル

$$U(r) = -\frac{GMm}{r} \tag{1.35}$$

(r は物体から質点までの距離) のもとでの質量 m の質点の運動方程式を，物体 M の位置を中心とした極座標 (r, θ) を用いて書け。

解 このポテンシャルから受ける力 $\boldsymbol{F}$ の x 成分，y 成分は

$$F_x = -\frac{\partial U}{\partial x} = -\frac{\partial U}{\partial r}\frac{\partial r}{\partial x} = -\frac{GMmx}{r^3}$$

$$F_y = -\frac{\partial U}{\partial y} = -\frac{\partial U}{\partial r}\frac{\partial r}{\partial y} = -\frac{GMmy}{r^3}$$

となり，質点に働く力は

$$\boldsymbol{F} = -\frac{GMm}{r^2}\frac{\boldsymbol{r}}{r} = -\frac{GMm}{r^2}\boldsymbol{e}_r$$

となる。したがって運動方程式は

$$m(\ddot{r} - r\dot{\theta}^2) = -\frac{GMm}{r^2}$$

$$m(2\dot{r}\dot{\theta} + r\ddot{\theta}) = 0$$

で与えられる。　■

1.3　空間内の運動

前節においては，質点の平面内における運動を考えた。ここでは質点の空間内における運動を考えよう。

直交座標

質点の空間内における運動を直交座標を用いて記述する。原点 O を中心とする直交座標軸 x 軸，y 軸，z 軸を定め，質点の位置を座標 (x, y, z) で表す。x 軸方向の単位ベクトルを $\boldsymbol{e}_1$，y 軸方向の単位ベクトルを $\boldsymbol{e}_2$，z 軸方向の単位ベクトルを $\boldsymbol{e}_3$ とすると，質点の位置ベクトル $\boldsymbol{r}$ は

$$\boldsymbol{r} = x\boldsymbol{e}_1 + y\boldsymbol{e}_2 + z\boldsymbol{e}_3 \tag{1.36}$$

と表され，その速度ベクトル $\boldsymbol{v}$，加速度ベクトル $\boldsymbol{a}$ は

$$\boldsymbol{v} = \frac{\mathrm{d}}{\mathrm{d}t}\boldsymbol{r} = \frac{\mathrm{d}x}{\mathrm{d}t}\boldsymbol{e}_1 + \frac{\mathrm{d}y}{\mathrm{d}t}\boldsymbol{e}_2 + \frac{\mathrm{d}z}{\mathrm{d}t}\boldsymbol{e}_3 \tag{1.37}$$

$$\boldsymbol{a} = \frac{\mathrm{d}^2}{\mathrm{d}t^2}\boldsymbol{r} = \frac{\mathrm{d}^2 x}{\mathrm{d}t^2}\boldsymbol{e}_1 + \frac{\mathrm{d}^2 y}{\mathrm{d}t^2}\boldsymbol{e}_2 + \frac{\mathrm{d}^2 z}{\mathrm{d}t^2}\boldsymbol{e}_3 \tag{1.38}$$

と表されることは平面の場合と同様である。$\boldsymbol{e}_1, \boldsymbol{e}_2, \boldsymbol{e}_3$ を成分で表すと

$$e_1 = \begin{pmatrix} 1 \\ 0 \\ 0 \end{pmatrix}, \ e_2 = \begin{pmatrix} 0 \\ 1 \\ 0 \end{pmatrix}, \ e_3 = \begin{pmatrix} 0 \\ 0 \\ 1 \end{pmatrix} \tag{1.39}$$

となる。

極座標

3次元の極座標を用いて位置ベクトル，速度ベクトル，加速度ベクトルを表してみよう。極座標は，位置ベクトル r の長さ r と，r の z 軸となす角度 θ，さらに質点の位置を xy 平面に射影した点と原点 O を結ぶ線分が x 軸となす角を φ とするとき，(r, θ, φ) のことである。直交座標との関係は

$$x = r \sin\theta \cos\varphi \tag{1.40}$$
$$y = r \sin\theta \sin\varphi \tag{1.41}$$
$$z = r \cos\theta \tag{1.42}$$

で与えられる。これから逆に (r, θ, φ) は x, y, z を用いて

$$r = \sqrt{x^2 + y^2 + z^2} \tag{1.43}$$
$$\theta = \tan^{-1} \frac{\sqrt{x^2 + y^2}}{z} \tag{1.44}$$
$$\varphi = \tan^{-1} \frac{y}{x} \tag{1.45}$$

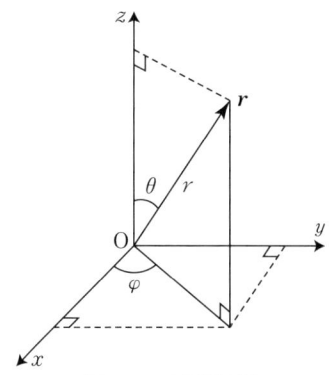

図1.6 3次元極座標

と表すことができる。極座標における基底ベクトルは r 方向, θ 方向, φ 方向の単位ベクトル $\bm{e}_r$, $\bm{e}_\theta$, $\bm{e}_\varphi$ を用いるとよい。平面極座標の場合と同様に微分 $\mathrm{d}x$, $\mathrm{d}y$, $\mathrm{d}z$ を

$$\mathrm{d}x = \frac{\partial x}{\partial r}\mathrm{d}r + \frac{\partial x}{\partial \theta}\mathrm{d}\theta + \frac{\partial x}{\partial \varphi}\mathrm{d}\varphi \tag{1.46}$$

$$\mathrm{d}y = \frac{\partial y}{\partial r}\mathrm{d}r + \frac{\partial y}{\partial \theta}\mathrm{d}\theta + \frac{\partial y}{\partial \varphi}\mathrm{d}\varphi \tag{1.47}$$

$$\mathrm{d}z = \frac{\partial z}{\partial r}\mathrm{d}r + \frac{\partial z}{\partial \theta}\mathrm{d}\theta + \frac{\partial z}{\partial \varphi}\mathrm{d}\varphi \tag{1.48}$$

と表し, $\bm{e}_r$ はこの式で $\mathrm{d}r$ の係数を縦に並べたベクトルを長さ 1 に規格化することによって得られる。式 (1.42) により r についての偏微分を計算すると

$$\frac{\partial x}{\partial r} = \sin\theta\cos\varphi \tag{1.49}$$

$$\frac{\partial y}{\partial r} = \sin\theta\sin\varphi \tag{1.50}$$

$$\frac{\partial z}{\partial r} = \cos\theta \tag{1.51}$$

となるので

$$\bm{e}_r = \begin{pmatrix} \sin\theta\cos\varphi \\ \sin\theta\sin\varphi \\ \cos\theta \end{pmatrix} \tag{1.52}$$

を得る。$\bm{e}_\theta$, $\bm{e}_\phi$ も同様に

$$\frac{\partial x}{\partial \theta} = r\cos\theta\cos\varphi, \quad \frac{\partial x}{\partial \varphi} = -r\sin\theta\sin\varphi \tag{1.53}$$

$$\frac{\partial y}{\partial \theta} = r\cos\theta\sin\varphi, \quad \frac{\partial y}{\partial \varphi} = r\sin\theta\cos\varphi \tag{1.54}$$

$$\frac{\partial z}{\partial \theta} = -r\sin\theta, \quad \frac{\partial z}{\partial \varphi} = 0 \tag{1.55}$$

から

$$\bm{e}_\theta = \begin{pmatrix} \cos\theta\cos\varphi \\ \cos\theta\sin\varphi \\ -\sin\theta \end{pmatrix}, \quad \bm{e}_\varphi = \begin{pmatrix} -\sin\varphi \\ \cos\varphi \\ 0 \end{pmatrix} \tag{1.56}$$

となる。e_r, e_θ, e_φ は正規直交系をなす。つまり

$$e_r \cdot e_r = e_\theta \cdot e_\theta = e_\varphi \cdot e_\varphi = 1$$
$$e_r \cdot e_\theta = e_r \cdot e_\varphi = e_\theta \cdot e_\varphi = 0 \tag{1.57}$$

を満たす。

位置ベクトル r は

$$r = r e_r \tag{1.58}$$

と表され、その微小変位 dr は

$$dr = e_r\, dr + r\, e_\theta\, d\theta + r \sin\theta\, e_\varphi\, d\varphi \tag{1.59}$$

と表されるので、速度ベクトル $v = \dfrac{dr}{dt}$ は

$$\frac{dr}{dt} = \frac{dr}{dt} e_r + r \frac{d\theta}{dt} e_\theta + r \sin\theta \frac{d\varphi}{dt} e_\varphi \tag{1.60}$$

となる。ここで速度ベクトルの表式で、角度方向のベクトル e_θ, e_φ に対する依存性が現れるのは、平面極座標の場合と同じ理由であり、e_r が角度の変化に応じて変わるからである。

例題1.2 e_r, e_θ, e_φ の時間微分

e_r, e_θ, e_φ の時間微分は

$$\frac{de_r}{dt} = e_\theta \frac{d\theta}{dt} + e_\varphi \sin\theta \frac{d\varphi}{dt} \tag{1.61}$$

$$\frac{de_\theta}{dt} = -e_r \frac{d\theta}{dt} + e_\varphi \cos\theta \frac{d\varphi}{dt} \tag{1.62}$$

$$\frac{de_\varphi}{dt} = -(\sin\theta\, e_r + \cos\theta\, e_\theta) \frac{d\varphi}{dt} \tag{1.63}$$

となることを示せ。

解 e_r, e_θ, e_φ を時間微分すると

$$\frac{de_r}{dt} = \begin{pmatrix} \cos\theta\cos\varphi \\ \cos\theta\sin\varphi \\ -\sin\theta \end{pmatrix} \frac{d\theta}{dt} + \begin{pmatrix} -\sin\theta\sin\varphi \\ \sin\theta\cos\varphi \\ 0 \end{pmatrix} \frac{d\varphi}{dt}$$

$$\frac{de_\theta}{dt} = \begin{pmatrix} -\sin\theta\cos\varphi \\ -\sin\theta\sin\varphi \\ -\cos\theta \end{pmatrix} \frac{d\theta}{dt} + \begin{pmatrix} -\cos\theta\sin\varphi \\ \cos\theta\cos\varphi \\ 0 \end{pmatrix} \frac{d\varphi}{dt}$$

$$\frac{d\boldsymbol{e}_\varphi}{dt} = \begin{pmatrix} -\cos\varphi \\ -\sin\varphi \\ 0 \end{pmatrix} \frac{d\varphi}{dt}$$

となり,これと $\boldsymbol{e}_r, \boldsymbol{e}_\theta, \boldsymbol{e}_\varphi$ の定義式から (1.61), (1.62), (1.63) を得る。■

加速度ベクトルは,速度ベクトルの式 (1.60) をもう一度時間 t で微分して得られ,次のような形になる。

$$\frac{d^2\boldsymbol{r}}{dt^2} = a_r \boldsymbol{e}_r + a_\theta \boldsymbol{e}_\theta + a_\varphi \boldsymbol{e}_\varphi \tag{1.64}$$

例題1.3 極座標における加速度

a_r, a_θ, a_φ は

$$a_r = \frac{d^2 r}{dt^2} - r\left(\frac{d\theta}{dt}\right)^2 - r\sin^2\theta\left(\frac{d\varphi}{dt}\right)^2 \tag{1.65}$$

$$a_\theta = \frac{dr}{dt}\frac{d\theta}{dt} + \frac{d}{dt}\left(r\frac{d\theta}{dt}\right) - r\sin\theta\cos\theta\left(\frac{d\varphi}{dt}\right)^2 \tag{1.66}$$

$$a_\varphi = \frac{dr}{dt}\frac{d\varphi}{dt}\sin\theta + r\cos\theta\frac{d\theta}{dt}\frac{d\varphi}{dt} + \frac{d}{dt}\left(r\sin\theta\frac{d\varphi}{dt}\right) \tag{1.67}$$

で与えられることを示せ。

解 $\dfrac{d\boldsymbol{r}}{dt}$ を t で微分すると

$$\begin{aligned}\frac{d^2\boldsymbol{r}}{dt^2} &= \frac{d}{dt}\left(\frac{dr}{dt}\boldsymbol{e}_r + r\frac{d\theta}{dt}\boldsymbol{e}_\theta + r\sin\theta\frac{d\varphi}{dt}\boldsymbol{e}_\varphi\right) \\ &= \frac{d^2 r}{dt^2}\boldsymbol{e}_r + \frac{dr}{dt}\frac{d\boldsymbol{e}_r}{dt} + \frac{d}{dt}\left(r\frac{d\theta}{dt}\right)\boldsymbol{e}_\theta + r\frac{d\varphi}{dt}\frac{d\boldsymbol{e}_\theta}{dt} \\ &\quad + \frac{d}{dt}\left(r\sin\theta\frac{d\varphi}{dt}\right)\boldsymbol{e}_\varphi + r\sin\theta\frac{d\varphi}{dt}\frac{d\boldsymbol{e}_\varphi}{dt}\end{aligned}$$

となり,これに (1.61) 〜 (1.63) を代入すると

$$\begin{aligned}\frac{d^2\boldsymbol{r}}{dt^2} &= \frac{d^2 r}{dt^2}\boldsymbol{e}_r + \frac{dr}{dt}\left\{\boldsymbol{e}_\theta\frac{d\theta}{dt} + \boldsymbol{e}_\varphi\sin\theta\frac{d\varphi}{dt}\right\} \\ &\quad + \frac{d}{dt}\left(r\frac{d\theta}{dt}\right)\boldsymbol{e}_\theta + r\frac{d\theta}{dt}\left\{-\boldsymbol{e}_r\frac{d\theta}{dt} + \cos\theta\boldsymbol{e}_\varphi\frac{d\varphi}{dt}\right\} \\ &\quad + \frac{d}{dt}\left(r\sin\theta\frac{d\varphi}{dt}\right)\boldsymbol{e}_\varphi - r\sin\theta\frac{d\varphi}{dt}(\sin\theta\boldsymbol{e}_r + \cos\theta\boldsymbol{e}_\theta)\frac{d\varphi}{dt}\end{aligned}$$

を得る。これを基底ベクトル $\boldsymbol{e}_r, \boldsymbol{e}_\theta, \boldsymbol{e}_\varphi$ についてまとめると,(1.65), (1.66), (1.67) が得られる。■

運動方程式

質量 m の質点に力 $\boldsymbol{F}$ が働く場合の運動方程式は，$\boldsymbol{F}$ を直交座標で

$$\boldsymbol{F} = F_x\,\boldsymbol{e}_1 + F_y\,\boldsymbol{e}_2 + F_z\,\boldsymbol{e}_3 \tag{1.68}$$

と表すと，3個の方程式

$$m\frac{\mathrm{d}^2 x}{\mathrm{d}t^2} = F_x, \quad m\frac{\mathrm{d}^2 y}{\mathrm{d}t^2} = F_y, \quad m\frac{\mathrm{d}^2 z}{\mathrm{d}t^2} = F_z \tag{1.69}$$

となる。極座標では力 $\boldsymbol{F}$ を

$$\boldsymbol{F} = F_r\,\boldsymbol{e}_r + F_\theta\,\boldsymbol{e}_\theta + F_\varphi\,\boldsymbol{e}_\varphi \tag{1.70}$$

と分解すると

$$ma_r = F_r, \quad ma_\theta = F_\theta, \quad ma_\varphi = F_\varphi \tag{1.71}$$

となる。この2通りの運動方程式は平面の場合と同様に，見かけは異なるが同等な方程式である。

例1.4　ローレンツ力

電荷 e を持った粒子が、電場 $\boldsymbol{E}$，磁束密度 $\boldsymbol{B}$ 中を速度 $\boldsymbol{v}$ で運動するとき，力 $\boldsymbol{F} = e(\boldsymbol{E} + \boldsymbol{v}\times\boldsymbol{B})$ を受ける。磁束密度 $\boldsymbol{B}$ から受ける力を**ローレンツ力**という。

電場が静電ポテンシャル Φ により $\boldsymbol{E} = -\nabla\Phi$ と書かれ，磁束密度 $\boldsymbol{B}$ が z 方向一様である場合の運動方程式を考える。磁束密度の成分を $B_x = B_y = 0$，$B_z = B$ とおくと，速度ベクトル $\boldsymbol{v}$ と $\boldsymbol{B}$ の外積は

$$\boldsymbol{v}\times\boldsymbol{B} = \begin{pmatrix}\dot{x}\\\dot{y}\\\dot{z}\end{pmatrix}\times\begin{pmatrix}0\\0\\B\end{pmatrix} = \begin{pmatrix}\dot{y}B\\-\dot{x}B\\0\end{pmatrix} \tag{1.72}$$

となるので，運動方程式は

$$m\ddot{x} = -e\frac{\partial\Phi}{\partial x} + eB\dot{y}$$

$$m\ddot{y} = -e\frac{\partial\Phi}{\partial y} - eB\dot{x}$$

$$m\ddot{z} = -e\frac{\partial\Phi}{\partial z} \tag{1.73}$$

となる。

10分補講　ベルトランの定理

平面内における中心力のもとでの，有界な (無限まで到達しない) 質点の運動を考えよう。質点は平面内で軌道を描くが，あらゆる軌道が閉じるためには中心力ポテンシャルが

$$U(r) = ar^2 \quad \text{または} \quad U(r) = -\frac{k}{r}$$

(a, k は正定数) の形でなければならないことが 1873 年にベルトランにより証明されている。$U(r) = -\frac{k}{r}$ は万有引力のポテンシャルであり，有界な軌道は楕円軌道である。ar^2 は 2 次元調和振動子のポテンシャルで，軌道はやはり楕円となる。

章末問題

1.1　一定の磁束密度 $\boldsymbol{B} = (0, 0, B)$ のもとでの質量 m，電荷 e の荷電粒子の運動を調べよ。

1.2　平面内における中心力 $\boldsymbol{F} = f(r)\dfrac{\boldsymbol{r}}{r}$ のもとでの質量 m の質点の運動について

(1) $h = r^2\dot{\theta}$ が一定であることを示せ ($\dfrac{h}{2}$ は面積速度を表す)。

(2) $u = \dfrac{1}{r}$ とおく。質点の軌道が式 $u = u(\theta)$ で与えられるとき，$f(\dfrac{1}{u})$ を m, h, u を用いて表せ。

(3) 質点の軌道が $u = a + b\cos\theta$ (a, b は定数) と表されるとき，$f(r)$ を求めよ。

1.3　平面内において質量 m の質点に中心力 $\boldsymbol{F} = f(r)\dfrac{\boldsymbol{r}}{r}$ と速度に比例した抵抗力 $\boldsymbol{F}' = -\gamma\dot{\boldsymbol{r}}$ が働いている (γ は定数)。

(1) 極座標 (r, θ) を用いて質点の運動方程式を書け。

(2) 時刻 t における $h = r^2\dot{\theta}$ を求めよ。

第 2 章

ニュートンの運動方程式から出発して、直交座標が極座標でも同じ形に書き表される方程式（ラグランジュの運動方程式）を導き出す。

ニュートン力学から解析力学へ

2.1　ラグランジュの運動方程式

　ニュートンの運動方程式を極座標のような座標で表す場合、直交座標の表式に比べ見通しの悪い面倒な式になる。これはニュートンの運動方程式が加速度ベクトル $\boldsymbol{a}$ と力ベクトル $\boldsymbol{F}$ の間のベクトルの方程式の形になっていることによる。極座標では、対応する直交基底が質点の位置ごとに変化してしまうため、加速度ベクトルの表式が複雑になってしまうのである。ニュートンの運動方程式と同等な方程式で、直交座標でも極座標でも同じ形に書き表すことができるようなものがあれば非常に便利である。

　直線上を運動する質点の場合の運動方程式 (1.2) を考えよう。この式の両辺に微小変位 dx を掛けてみると、

$$m \frac{d^2 x}{dt^2} dx = F_x dx \tag{2.1}$$

となる。右辺は外力 F_x が質点に対してした仕事である。左辺は $dx = \dfrac{dx}{dt} dt$ を代入すると

$$m \frac{d^2 x}{dt^2} dx = m \frac{d^2 x}{dt^2} \frac{dx}{dt} dt$$

第 2 章　ニュートン力学から解析力学へ

$$= \frac{d}{dt}\left\{\frac{m}{2}\left(\frac{dx}{dt}\right)^2\right\}dt \tag{2.2}$$

と変形できる．これは質点の運動エネルギー

$$T = \frac{m}{2}\left(\frac{dx}{dt}\right)^2 \tag{2.3}$$

の時間 dt 間の変化量であり，式 (2.1) は運動エネルギーの変化が外力のした仕事に等しいという関係式となる．運動エネルギーは速度ベクトルの 2 乗に比例するスカラー量であり，速度ベクトルは座標を 1 回時間微分するだけなので，他の座標系でも計算しやすい．したがって，もしこれから出発して運動方程式が書き下せるならば，見通しのよい方程式が得られるのではないかと思われる．運動エネルギー T は速度 $\frac{dx}{dt}$ の関数なので，T を $\frac{dx}{dt}$ を変数として微分すると

$$\frac{dT}{d\left(\frac{dx}{dt}\right)} = m\frac{dx}{dt} \tag{2.4}$$

となる．これは質点の x 方向の運動量 p_x を表すので，運動方程式は

$$\frac{d}{dt}\left(\frac{dT}{d\left(\frac{dx}{dt}\right)}\right) = F_x \tag{2.5}$$

と書ける．

　この形の運動方程式は，平面内または空間内における運動の場合に拡張することができる．平面運動の場合を考えよう．運動エネルギー T は平面内の運動の場合

$$T = \frac{m}{2}\left(\frac{d\boldsymbol{r}}{dt}\right)^2 = \frac{m}{2}\left\{\left(\frac{dx}{dt}\right)^2 + \left(\frac{dy}{dt}\right)^2\right\} \tag{2.6}$$

となるので，これを変数 $\frac{dx}{dt}$ および $\frac{dy}{dt}$ について微分すると，それぞれ x 方向，y 方向の運動量が得られる．

$$p_x = \frac{\partial T}{\partial\left(\frac{dx}{dt}\right)} = m\frac{dx}{dt}, \quad p_y = \frac{\partial T}{\partial\left(\frac{dy}{dt}\right)} = m\frac{dy}{dt} \tag{2.7}$$

したがって運動方程式は

$$\frac{d}{dt}\left(\frac{\partial T}{\partial\left(\frac{dx}{dt}\right)}\right) = F_x, \quad \frac{d}{dt}\left(\frac{\partial T}{\partial\left(\frac{dy}{dt}\right)}\right) = F_y \tag{2.8}$$

と書き表される．それでは平面極座標における運動方程式 (1.34) は T を用いると，どのような形に書けるだろうか．極座標における速度ベクトル (1.22) から T を求めると

$$T = \frac{m}{2}\left\{\left(\frac{\mathrm{d}r}{\mathrm{d}t}\right)^2 + r^2\left(\frac{\mathrm{d}\theta}{\mathrm{d}t}\right)^2\right\} \tag{2.9}$$

を得る．直交座標の場合と同様に T を $\frac{\mathrm{d}r}{\mathrm{d}t}$，$\frac{\mathrm{d}\theta}{\mathrm{d}t}$，さらに r の関数とみなし，T を変数 $\frac{\mathrm{d}r}{\mathrm{d}t}$，$\frac{\mathrm{d}\theta}{\mathrm{d}t}$ について偏微分してみると

$$\frac{\partial T}{\partial\left(\frac{\mathrm{d}r}{\mathrm{d}t}\right)} = m\frac{\mathrm{d}r}{\mathrm{d}t}, \quad \frac{\partial T}{\partial\left(\frac{\mathrm{d}\theta}{\mathrm{d}t}\right)} = mr^2\frac{\mathrm{d}\theta}{\mathrm{d}t} \tag{2.10}$$

となる．この式の時間微分をとり，運動方程式 (1.34) と比べてみると

$$\frac{\mathrm{d}}{\mathrm{d}t}\left(\frac{\partial T}{\partial\left(\frac{\mathrm{d}r}{\mathrm{d}t}\right)}\right) = m\frac{\mathrm{d}^2r}{\mathrm{d}t^2} = F_r + mr\left(\frac{\mathrm{d}\theta}{\mathrm{d}t}\right)^2 \tag{2.11}$$

$$\frac{\mathrm{d}}{\mathrm{d}t}\left(\frac{\partial T}{\partial\left(\frac{\mathrm{d}\theta}{\mathrm{d}t}\right)}\right) = m\frac{\mathrm{d}}{\mathrm{d}t}\left(r^2\frac{\mathrm{d}\theta}{\mathrm{d}t}\right) = rF_\theta \tag{2.12}$$

と書けることがわかる．動径座標 r の方程式 (2.11) の第 2 項 $mr\left(\frac{\mathrm{d}\theta}{\mathrm{d}t}\right)^2$ は遠心力を表すが，この形をよく見ると，T を r について偏微分したものに等しいことがわかる．

$$\frac{\partial T}{\partial r} = mr\left(\frac{\mathrm{d}\theta}{\mathrm{d}t}\right)^2 \tag{2.13}$$

一方で，T は変数 θ には直接依存してないので $\frac{\partial T}{\partial \theta} = 0$ となり，極座標における運動方程式は

$$\frac{\mathrm{d}}{\mathrm{d}t}\left(\frac{\partial T}{\partial\left(\frac{\mathrm{d}r}{\mathrm{d}t}\right)}\right) - \frac{\partial T}{\partial r} = F_r \tag{2.14}$$

$$\frac{\mathrm{d}}{\mathrm{d}t}\left(\frac{\partial T}{\partial\left(\frac{\mathrm{d}\theta}{\mathrm{d}t}\right)}\right) - \frac{\partial T}{\partial \theta} = rF_\theta \tag{2.15}$$

と書き表せることがわかった．この左辺は，r と θ を入れ換えただけで同じ形をしている．こう考えると，直交座標における運動方程式 (2.8) も実は自明に成り立つ $\frac{\partial T}{\partial x} = \frac{\partial T}{\partial y} = 0$ を加えて

$$\frac{\mathrm{d}}{\mathrm{d}t}\left(\frac{\partial T}{\partial\left(\frac{\mathrm{d}x}{\mathrm{d}t}\right)}\right)-\frac{\partial T}{\partial x}=F_x,\quad \frac{\mathrm{d}}{\mathrm{d}t}\left(\frac{\partial T}{\partial\left(\frac{\mathrm{d}y}{\mathrm{d}t}\right)}\right)-\frac{\partial T}{\partial y}=F_y \quad (2.16)$$

と書くことにすれば，やはり左辺は極座標の場合と同じ形となることがわかる．しかし，極座標における運動方程式 (2.14) と (2.15) において右辺の力の部分に相当する項を見てみると，この形は対称的ではない．(F_r, rF_θ) がどういう意味を持つかを見るために，質点を微小変位 $\mathrm{d}\boldsymbol{r}$ させたときの外力 $\boldsymbol{F}$ がする仕事 $\boldsymbol{F}\cdot\mathrm{d}\boldsymbol{r}$ を極座標で考えてみよう．式 (1.19) および (1.33) より

$$\boldsymbol{F}\cdot\mathrm{d}\boldsymbol{r}=Q_r\mathrm{d}r+Q_\theta\mathrm{d}\theta \quad (2.17)$$
$$Q_r=F_r,\quad Q_\theta=rF_\theta \quad (2.18)$$

となることがわかる．つまり，Q_r は微小変位 $\mathrm{d}r$ に対応する力，Q_θ は微小変位 $\mathrm{d}\theta$ に対応する「力」に相当する．ただしこの「力」は，角度の微小変位 $\mathrm{d}\theta$ が無次元なため通常の力の次元は持っていない．このため Q_r, Q_θ は**一般化力**と呼ばれる．したがって極座標での運動方程式 (2.14), (2.15) は，それぞれ右辺を一般化力 Q_r, Q_θ とみなせば同じ形をとるのである．こうしてニュートンの運動方程式を運動エネルギー T を用いて書き直すだけで，直交座標と極座標で同じ形の方程式になることがわかった．

空間内の運動の場合，運動エネルギー T は

$$T=\frac{m}{2}\left(\frac{\mathrm{d}\boldsymbol{r}}{\mathrm{d}t}\right)^2=\frac{m}{2}\left\{\left(\frac{\mathrm{d}x}{\mathrm{d}t}\right)^2+\left(\frac{\mathrm{d}y}{\mathrm{d}t}\right)^2+\left(\frac{\mathrm{d}z}{\mathrm{d}t}\right)^2\right\} \quad (2.19)$$

と書け，x, y, z 方向の運動量，

$$\frac{\partial T}{\partial\left(\frac{\mathrm{d}x}{\mathrm{d}t}\right)}=m\frac{\mathrm{d}x}{\mathrm{d}t},\quad \frac{\partial T}{\partial\left(\frac{\mathrm{d}y}{\mathrm{d}t}\right)}=m\frac{\mathrm{d}y}{\mathrm{d}t},\quad \frac{\partial T}{\partial\left(\frac{\mathrm{d}z}{\mathrm{d}t}\right)}=m\frac{\mathrm{d}z}{\mathrm{d}t} \quad (2.20)$$

と表されることがわかる．したがって運動方程式は

$$\frac{\mathrm{d}}{\mathrm{d}t}\left(\frac{\partial T}{\partial\left(\frac{\mathrm{d}x}{\mathrm{d}t}\right)}\right)=F_x$$

$$\frac{\mathrm{d}}{\mathrm{d}t}\left(\frac{\partial T}{\partial\left(\frac{\mathrm{d}y}{\mathrm{d}t}\right)}\right)=F_y \quad (2.18)$$

$$\frac{\mathrm{d}}{\mathrm{d}t}\left(\frac{\partial T}{\partial\left(\frac{\mathrm{d}z}{\mathrm{d}t}\right)}\right) = F_z$$

の形に書ける。空間極座標の場合，運動エネルギー $T = \frac{m}{2}\left(\frac{\mathrm{d}\boldsymbol{r}}{\mathrm{d}t}\right)^2$ は

$$T = \frac{m}{2}\left\{\left(\frac{\mathrm{d}r}{\mathrm{d}t}\right)^2 + r^2\left(\frac{\mathrm{d}\theta}{\mathrm{d}t}\right)^2 + r^2\sin^2\theta\left(\frac{\mathrm{d}\varphi}{\mathrm{d}t}\right)^2\right\} \quad (2.22)$$

と書かれる。極座標での運動方程式 (1.71) と

$$\frac{\mathrm{d}}{\mathrm{d}t}\left(\frac{\partial T}{\partial\left(\frac{\mathrm{d}r}{\mathrm{d}t}\right)}\right) - \frac{\partial T}{\partial r} = F_r \quad (2.23)$$

$$\frac{\mathrm{d}}{\mathrm{d}t}\left(\frac{\partial T}{\partial\left(\frac{\mathrm{d}\theta}{\mathrm{d}t}\right)}\right) - \frac{\partial T}{\partial \theta} = rF_\theta \quad (2.24)$$

$$\frac{\mathrm{d}}{\mathrm{d}t}\left(\frac{\partial T}{\partial\left(\frac{\mathrm{d}\varphi}{\mathrm{d}t}\right)}\right) - \frac{\partial T}{\partial \varphi} = r\sin\theta\, F_\varphi \quad (2.25)$$

は同等である。

保存力

　もし力 $\boldsymbol{F}$ が**保存力**である場合，運動方程式をさらに単純な形に書き換えることができる。力 $\boldsymbol{F}$ が保存力であるとは，微小変位 $\mathrm{d}\boldsymbol{r}$ に対する仕事 $\boldsymbol{F}\cdot\mathrm{d}\boldsymbol{r}$ を全微分の形に書くことができるとき，つまり $\boldsymbol{r}$ の関数 $U(\boldsymbol{r})$ を用いて

$$\boldsymbol{F}\cdot\mathrm{d}\boldsymbol{r} = -\mathrm{d}U(\boldsymbol{r})$$
$$\equiv -\nabla U\cdot\mathrm{d}\boldsymbol{r} \quad (2.26)$$

と表される場合をいう。$U(\boldsymbol{r})$ を**ポテンシャル**という。ここで ∇ は**ナブラ記号**で

$$\nabla = \boldsymbol{e}_1\frac{\partial}{\partial x} + \boldsymbol{e}_2\frac{\partial}{\partial y} + \boldsymbol{e}_3\frac{\partial}{\partial z} \quad (2.27)$$

と定義される。力 $\boldsymbol{F}$ が保存力の場合，ある位置 P から別の位置 Q へある経路に沿って質点を移動させるとき，力 $\boldsymbol{F}$ のする仕事は経路のとり方によらず，P と Q におけるポテンシャルエネルギーの差 $U(\mathrm{Q}) - U(\mathrm{P})$ に等しくなる。重力やクーロン力は保存力の例である。保存力でない力の例

として，動摩擦力がある．動摩擦力のする仕事は経路のとり方によるので，動摩擦力は保存力ではない．保存力 $\boldsymbol{F}$ の x, y, z 成分の F_x, F_y, F_z は，ポテンシャル $U(\boldsymbol{r})$ を用いて

$$F_x = -\frac{\partial U}{\partial x}, \ F_y = -\frac{\partial U}{\partial y}, \ F_z = -\frac{\partial U}{\partial z} \tag{2.28}$$

と表されるので，運動方程式は

$$\frac{\mathrm{d}}{\mathrm{d}t}\left(\frac{\partial T}{\partial\left(\frac{\mathrm{d}x}{\mathrm{d}t}\right)}\right) = -\frac{\partial U}{\partial x}$$

$$\frac{\mathrm{d}}{\mathrm{d}t}\left(\frac{\partial T}{\partial\left(\frac{\mathrm{d}y}{\mathrm{d}t}\right)}\right) = -\frac{\partial U}{\partial y} \tag{2.29}$$

$$\frac{\mathrm{d}}{\mathrm{d}t}\left(\frac{\partial T}{\partial\left(\frac{\mathrm{d}z}{\mathrm{d}t}\right)}\right) = -\frac{\partial U}{\partial z}$$

となる．ここで $U(\boldsymbol{r})$ が $\boldsymbol{r}$ のみの関数で，$\boldsymbol{r}$ の時間微分 $\frac{\mathrm{d}\boldsymbol{r}}{\mathrm{d}t}$ の関数ではないとしよう．運動エネルギー T とポテンシャル U の差

$$L = T - U \tag{2.30}$$

を定義してみる．L は $\boldsymbol{r}$ と $\frac{\mathrm{d}\boldsymbol{r}}{\mathrm{d}t}$ の関数で，**ラグランジアン**と呼ばれる．T は $\frac{\mathrm{d}\boldsymbol{r}}{\mathrm{d}t}$ のみに依存する関数，U は $\boldsymbol{r}$ のみの関数なので

$$\frac{\partial L}{\partial\left(\frac{\mathrm{d}x}{\mathrm{d}t}\right)} = \frac{\partial T}{\partial\left(\frac{\mathrm{d}x}{\mathrm{d}t}\right)}$$

$$\frac{\partial L}{\partial x} = -\frac{\partial U}{\partial x} \tag{2.31}$$

が成り立つ．x を y, z に置き換えても同様な式が成り立つ．すると運動方程式 (2.29) は L を用いることにより，簡潔に

$$\frac{\mathrm{d}}{\mathrm{d}t}\left(\frac{\partial L}{\partial\left(\frac{\mathrm{d}x}{\mathrm{d}t}\right)}\right) - \frac{\partial L}{\partial x} = 0$$

$$\frac{\mathrm{d}}{\mathrm{d}t}\left(\frac{\partial L}{\partial\left(\frac{\mathrm{d}y}{\mathrm{d}t}\right)}\right) - \frac{\partial L}{\partial y} = 0$$

$$\frac{\mathrm{d}}{\mathrm{d}t}\left(\frac{\partial L}{\partial\left(\frac{\mathrm{d}z}{\mathrm{d}t}\right)}\right)-\frac{\partial L}{\partial z}=0 \tag{2.32}$$

と書かれる。この形の運動方程式を**ラグランジュの運動方程式**と呼ぶ。興味深いことに，極座標における運動方程式は，この直交座標におけるラグランジュの運動方程式において，x, y, z を r, θ, φ と置き換えた式

$$\begin{aligned}
\frac{\mathrm{d}}{\mathrm{d}t}\left(\frac{\partial L}{\partial\left(\frac{\mathrm{d}r}{\mathrm{d}t}\right)}\right)-\frac{\partial L}{\partial r}&=0\\
\frac{\mathrm{d}}{\mathrm{d}t}\left(\frac{\partial L}{\partial\left(\frac{\mathrm{d}\theta}{\mathrm{d}t}\right)}\right)-\frac{\partial L}{\partial \theta}&=0\\
\frac{\mathrm{d}}{\mathrm{d}t}\left(\frac{\partial L}{\partial\left(\frac{\mathrm{d}\varphi}{\mathrm{d}t}\right)}\right)-\frac{\partial L}{\partial \varphi}&=0
\end{aligned} \tag{2.33}$$

と同じ式になるのである。このことは次章において，より一般的な状況で証明されるが，ここでは直接確かめてみよう。そのためにまず ∇ を極座標の基底 $\boldsymbol{e}_r, \boldsymbol{e}_\theta, \boldsymbol{e}_\varphi$ で表現し，r 方向，θ 方向，φ 方向の力を求めてみる。まず x, y, z についての偏微分を

$$\begin{aligned}
\frac{\partial}{\partial x}&=\frac{\partial r}{\partial x}\frac{\partial}{\partial r}+\frac{\partial \theta}{\partial x}\frac{\partial}{\partial \theta}+\frac{\partial \varphi}{\partial x}\frac{\partial}{\partial \varphi}\\
\frac{\partial}{\partial y}&=\frac{\partial r}{\partial y}\frac{\partial}{\partial r}+\frac{\partial \theta}{\partial y}\frac{\partial}{\partial \theta}+\frac{\partial \varphi}{\partial y}\frac{\partial}{\partial \varphi}\\
\frac{\partial}{\partial z}&=\frac{\partial r}{\partial z}\frac{\partial}{\partial r}+\frac{\partial \theta}{\partial z}\frac{\partial}{\partial \theta}+\frac{\partial \varphi}{\partial z}\frac{\partial}{\partial \varphi}
\end{aligned} \tag{2.34}$$

を使って r, θ, φ についての偏微分に直し，$\frac{\partial}{\partial r}, \frac{\partial}{\partial \theta}, \frac{\partial}{\partial \varphi}$ についてまとめると

$$\nabla = \boldsymbol{e}_r \frac{\partial}{\partial r}+\boldsymbol{e}_\theta \frac{1}{r}\frac{\partial}{\partial \theta}+\boldsymbol{e}_\varphi \frac{1}{r\sin\theta}\frac{\partial}{\partial \varphi} \tag{2.35}$$

となることがわかる。これより動径方向と角度方向の力の成分が

$$F_r=-\frac{\partial U}{\partial r},\ F_\theta=-\frac{1}{r}\frac{\partial U}{\partial \theta}\ \ F_\varphi=-\frac{1}{r\sin\theta}\frac{\partial U}{\partial \varphi} \tag{2.36}$$

となる。これを極座標で表した運動方程式 (2.23) ～ (2.25) に代入して，右辺の項をすべて左辺に移動すると，(2.33) を得る。

このように，ベクトルの形で表現されるニュートンの運動方程式は座標

のとり方によりその形が著しく異なるのに比べ、ラグランジュの運動方程式はスカラー量であるラグランジアン L を別の座標で書き直すだけで、運動方程式はまったく同じ形に書き表すことができる。これにより状況に応じた座標系を自由に設定することができ、力学の問題を解くのを容易にする。次章では1個の質点に限らず、より一般的な質点系についてラグランジュの運動方程式が定式化できることを見ていくことにする。

2.2 ラグランジュの運動方程式の例

応用上重要なラグランジュの運動方程式の例をいくつか見ていこう。これ以降、時間微分 $\dfrac{\mathrm{d}x}{\mathrm{d}t}$, $\dfrac{\mathrm{d}^2 x}{\mathrm{d}t^2}$ の代わりにドット記号 $\dot{x}, \ddot{x}$ を多用することにする。

例2.1 単振動

ばねのポテンシャルエネルギーは $U = \dfrac{1}{2} k x^2$ なので、ラグランジアンは

$$L = \frac{1}{2} m \dot{x}^2 - \frac{1}{2} k x^2 \tag{2.37}$$

で与えられる。ラグランジュの運動方程式は

$$\frac{\mathrm{d}}{\mathrm{d}t}\left(\frac{\partial L}{\partial \dot{x}}\right) - \frac{\partial L}{\partial x} = m\ddot{x} + kx = 0 \tag{2.38}$$

となる。

例2.2 平面内における中心力ポテンシャルによる質点の運動

平面内における中心力ポテンシャルのもとでの質点の運動を考える。平面極座標 (r, θ) での運動エネルギーは

$$T = \frac{1}{2} m (\dot{r}^2 + r^2 \dot{\theta}^2) \tag{2.39}$$

となる。中心力ポテンシャルを $U(r)$ とすると、ラグランジアンは

$$L = \frac{1}{2} m (\dot{r}^2 + r^2 \dot{\theta}^2) - U(r) \tag{2.40}$$

で与えられる。動径座標 r についてのラグランジュの運動方程式は

$$\frac{\mathrm{d}}{\mathrm{d}t}\left(\frac{\partial L}{\partial \dot{r}}\right) - \frac{\partial L}{\partial r} = m\ddot{r} - mr\dot{\theta}^2 + \frac{\mathrm{d}U(r)}{\mathrm{d}r} = 0 \tag{2.41}$$

となる。一方，角度座標 θ についての運動方程式は

$$\frac{\mathrm{d}}{\mathrm{d}t}\left(\frac{\partial L}{\partial \dot\theta}\right) - \frac{\partial L}{\partial \theta} = \frac{\mathrm{d}}{\mathrm{d}t}\left(mr^2\dot\theta\right) = 0 \tag{2.42}$$

となる。

例題2.1 極座標でのラグランジュの運動方程式

空間内における中心力ポテンシャルのもとでの質点の運動を記述するラグランジアンは極座標 (r, θ, φ) を用いると

$$L = \frac{m}{2}\left(\dot r^2 + r^2\dot\theta^2 + r^2\sin^2\theta\,\dot\varphi^2\right) - U(r) \tag{2.43}$$

と書ける。$U(r)$ は中心力ポテンシャルである。これから r，θ，φ についてのラグランジュの運動方程式を書き下せ。

解 運動方程式は

$$\frac{\mathrm{d}}{\mathrm{d}t}\left(\frac{\partial L}{\partial \dot r}\right) - \frac{\partial L}{\partial r} = m\ddot r - mr\dot\theta^2 - mr\sin^2\theta\,\dot\varphi^2 + \frac{\mathrm{d}U(r)}{\mathrm{d}r} = 0 \tag{2.44}$$

$$\frac{\mathrm{d}}{\mathrm{d}t}\left(\frac{\partial L}{\partial \dot\theta}\right) - \frac{\partial L}{\partial \theta} = \frac{\mathrm{d}}{\mathrm{d}t}\left(mr^2\dot\theta\right) - mr^2\sin\theta\cos\theta\,\dot\varphi^2 = 0 \tag{2.45}$$

$$\frac{\mathrm{d}}{\mathrm{d}t}\left(\frac{\partial L}{\partial \dot\varphi}\right) - \frac{\partial L}{\partial \varphi} = \frac{\mathrm{d}}{\mathrm{d}t}\left(mr^2\sin^2\theta\,\dot\varphi\right) = 0 \tag{2.46}$$

となる。 ■

一様な磁場中の荷電粒子の運動

静電ポテンシャル Φ と z 軸方向に一様な磁束密度 $\boldsymbol{B} = (0, 0, B)$ がある場合のラグランジアンを求めよう。磁束密度は速度に依存する力をもたらすので，ポテンシャルに速度に依存する項を付け加えなければならない。

例題2.2 磁場中の荷電粒子の運動方程式

ラグランジアン

$$L = \frac{m}{2}\left(\dot x^2 + \dot y^2 + \dot z^2\right) + \frac{eB}{2}\left(x\dot y - y\dot x\right) - e\Phi \tag{2.47}$$

から運動方程式を求めよ。

解

$$\frac{\partial L}{\partial \dot x} = m\dot x - \frac{eB}{2}y$$

$$\frac{\partial L}{\partial \dot y} = m\dot y + \frac{eB}{2}x \tag{2.48}$$

$$\frac{\partial L}{\partial \dot{z}} = m\dot{z}$$

および

$$\begin{aligned}
\frac{\partial L}{\partial x} &= \frac{eB}{2}\dot{y} - e\frac{\partial \Phi}{\partial x} \\
\frac{\partial L}{\partial y} &= -\frac{eB}{2}\dot{x} - e\frac{\partial \Phi}{\partial y} \\
\frac{\partial L}{\partial z} &= -e\frac{\partial \Phi}{\partial z}
\end{aligned} \quad (2.49)$$

より，ラグランジュの運動方程式は

$$\begin{aligned}
\frac{\mathrm{d}}{\mathrm{d}t}\left(\frac{\partial L}{\partial \dot{x}}\right) - \frac{\partial L}{\partial x} &= m\ddot{x} - eB\dot{y} + e\frac{\partial \Phi}{\partial x} = 0 \\
\frac{\mathrm{d}}{\mathrm{d}t}\left(\frac{\partial L}{\partial \dot{y}}\right) - \frac{\partial L}{\partial y} &= m\ddot{y} + eB\dot{x} + e\frac{\partial \Phi}{\partial y} = 0 \\
\frac{\mathrm{d}}{\mathrm{d}t}\left(\frac{\partial L}{\partial \dot{z}}\right) - \frac{\partial L}{\partial z} &= m\ddot{z} + e\frac{\partial \Phi}{\partial z} = 0
\end{aligned} \quad (2.50)$$

となる。この式は (1.73) と一致する。 ∎

一般の磁束密度の場合

　ラグランジアン (2.47) を一般の $\boldsymbol{B}$ の場合に拡張する。磁束密度はベクトル $\boldsymbol{A}(\boldsymbol{r}, t)$ を用いて

$$\boldsymbol{B} = \mathrm{rot}\boldsymbol{A} = \nabla \times \boldsymbol{A} \quad (2.51)$$

の形に書けることが知られている。$\mathbf{A}(\boldsymbol{r}, t)$ は**ベクトルポテンシャル**と呼ばれる。具体的に成分で書いてみると

$$\mathbf{B} = \begin{pmatrix} \frac{\partial}{\partial x} \\ \frac{\partial}{\partial y} \\ \frac{\partial}{\partial z} \end{pmatrix} \times \begin{pmatrix} A_x \\ A_y \\ A_z \end{pmatrix} = \begin{pmatrix} \frac{\partial A_z}{\partial y} - \frac{\partial A_y}{\partial z} \\ \frac{\partial A_x}{\partial z} - \frac{\partial A_z}{\partial x} \\ \frac{\partial A_y}{\partial x} - \frac{\partial A_x}{\partial y} \end{pmatrix} \quad (2.52)$$

という形になる。逆に一定の磁束密度 $\boldsymbol{B}$ に対して $\boldsymbol{A}$ を求めることができ

$$\boldsymbol{A} = \frac{1}{2}\boldsymbol{B} \times \boldsymbol{r} \quad (2.53)$$

となることがわかる。とくに $\mathbf{B} = (0, 0, B)$ に対しては

$$A_x = -\frac{1}{2}By, \ A_y = \frac{1}{2}Bx, \ A_z = 0 \tag{2.54}$$

と表される。このときラグランジアン (2.47) は $\mathbf{A}$ を使って

$$L = \frac{m}{2}(\dot{x}^2 + \dot{y}^2 + \dot{z}^2) + e(A_x\dot{x} + A_y\dot{y} + A_z\dot{z}) - e\Phi \tag{2.55}$$

と書かれる。

一般の $\mathbf{A}(\mathbf{r}, t)$ のときも，(2.55) と同じ形のラグランジアン

$$L = \frac{m}{2}\dot{\mathbf{r}}^2 + e\mathbf{A}(\mathbf{r}, t) \cdot \dot{\mathbf{r}} - e\Phi(\mathbf{r}, t) \tag{2.56}$$

を使って運動方程式を書いてみる。今度はベクトルポテンシャル $\mathbf{A}$，スカラーポテンシャル Φ は一般に $\mathbf{r}$ と t に依存してもよいと考える。まず L の $\dot{\mathbf{r}}$ についての微分は

$$\frac{\partial L}{\partial \dot{\mathbf{r}}} = m\dot{\mathbf{r}} + e\mathbf{A} \tag{2.57}$$

となる。L の $\mathbf{r}$ 微分は，公式

$$\nabla(\mathbf{a}\cdot\mathbf{b}) = (\mathbf{a}\cdot\nabla)\mathbf{b} + (\mathbf{b}\cdot\nabla)\mathbf{a} + \mathbf{b}\times\mathrm{rot}\,\mathbf{a} + \mathbf{a}\times\mathrm{rot}\,\mathbf{b} \tag{2.58}$$

を用いると (章末問題 2.1(2) を参照)

$$\frac{\partial L}{\partial \mathbf{r}} = e\nabla(\dot{\mathbf{r}}\cdot\mathbf{A}) - e\nabla\Phi$$

$$= e(\dot{\mathbf{r}}\cdot\nabla)\mathbf{A} + e\dot{\mathbf{r}}\times\mathrm{rot}\mathbf{A} - e\frac{\partial\Phi}{\partial\mathbf{r}} \tag{2.59}$$

となる。したがって，ラグランジュの運動方程式は

$$\frac{\mathrm{d}}{\mathrm{d}t}(m\dot{\mathbf{r}} + e\mathbf{A}) - e(\dot{\mathbf{r}}\cdot\nabla)\mathbf{A} - e\dot{\mathbf{r}}\times\mathrm{rot}\mathbf{A} + e\frac{\partial\Phi}{\partial\mathbf{r}} = 0 \tag{2.60}$$

となる。ここで $\mathbf{A}(\mathbf{r}, t)$ の時間依存性は，$\mathbf{r}$ を通して依存する部分と t に直接依存している部分よりくるので

$$\frac{\mathrm{d}}{\mathrm{d}t}\mathbf{A}(\mathbf{r}, t) = (\dot{\mathbf{r}}\cdot\nabla)\mathbf{A} + \frac{\partial\mathbf{A}}{\partial t} \tag{2.61}$$

となる。これを使って (2.60) 式をまとめると

$$m\ddot{\mathbf{r}} = -e\left(\frac{\partial\Phi}{\partial\mathbf{r}} + \frac{\partial\mathbf{A}}{\partial t}\right) + e\dot{\mathbf{r}}\times\mathrm{rot}\mathbf{A}$$

$$= e\mathbf{E} + e\dot{\mathbf{r}}\times\mathbf{B} \tag{2.62}$$

を得る。ただし電場は $\boldsymbol{E} = -\dfrac{\partial \Phi}{\partial \boldsymbol{r}} - \dfrac{\partial \boldsymbol{A}}{\partial t}$ で与えられる。この方程式はまさに電場および磁束密度から受けるローレンツ力による運動方程式そのものである。

章末問題

2.1 完全反対称テンソル ϵ_{ijk} を使う[1]と，ベクトル $\boldsymbol{A}$ と $\boldsymbol{B}$ の外積 $\boldsymbol{A} \times \boldsymbol{B}$ の i 成分は

$$(\boldsymbol{A} \times \boldsymbol{B})_i = \sum_{j,k=1}^{3} \epsilon_{ijk} A_j B_k$$

と表される。以下の式を示せ。

(1) $\sum_{k=1}^{3} \epsilon_{ijk} \epsilon_{mnk} = \delta_{im}\delta_{jn} - \delta_{in}\delta_{jm}$

ここで δ_{ij} は**クロネッカーのデルタ**と呼ばれ，$i=j$ のとき $\delta_{ij}=1$，$i \neq j$ のとき $\delta_{ij}=0$ で定義される。

(2) $\nabla(\boldsymbol{A}\cdot\boldsymbol{B}) = (\boldsymbol{A}\cdot\nabla)\boldsymbol{B} + (\boldsymbol{B}\cdot\nabla)\boldsymbol{A} + \boldsymbol{B}\times\mathrm{rot}\boldsymbol{A} + \boldsymbol{A}\times\mathrm{rot}\boldsymbol{B}$

(3) $\boldsymbol{A}\cdot(\boldsymbol{B}\times\boldsymbol{C}) = \boldsymbol{B}\cdot(\boldsymbol{C}\times\boldsymbol{A}) = \boldsymbol{C}\cdot(\boldsymbol{A}\times\boldsymbol{B})$

2.2 3次元中心力ポテンシャル $U(r) = \dfrac{1}{2} m\omega_0^2 r^2$ のもとでの質量 m，電荷 e の荷電粒子に，z 方向の一定の磁束密度 B を加えた。

(1) ラグランジアンを書き下し，運動方程式を求めよ。

(2) 運動方程式を解け。

2.3 以下のラグランジアンで記述される1次元系の運動方程式を求めよ。

(a) $L = e^{\gamma t}\left(\dfrac{1}{2}m\dot{x}^2 - \dfrac{1}{2}kx^2\right)$

(b) $L = e^{a\dot{x}}$

---

[1] $\epsilon_{123}=1$ とし，(ijk) が (123) の奇数回の互換（2つの添え字の交換）により得られるときは -1，偶数回の互換で得られるときは $+1$，その他の (ijk) に対しては 0 と定義される。

第 3 章

前章では1個の質点の運動方程式について議論した。この章ではN個の質点からなる系(質点系)について考える。ラグランジュの運動方程式が,この場合にも強力な方法であることがわかる。

一般化座標とラグランジュの運動方程式

3.1　N質点系のラグランジアン

N個の質点からなる系を考え,i番目の質点の質量をm_i,その位置ベクトルを$\bm{r}_i\ (i=1,\cdots,N)$とする。すると,i番目の質点の運動方程式は,その質点に働く力を$\bm{F}_i$として

$$m_i \frac{\mathrm{d}^2 \bm{r}_i}{\mathrm{d} t^2} = \bm{F}_i \tag{3.1}$$

となる。力$\bm{F}_i$は質点間に働く内力とそれ以外の外力からなる。j番目の質点からi番目の質点に働く内力を$\bm{F}_{ij}$,外力を$\bm{F}_i{}'$とすると,$\bm{F}_i$は

$$\bm{F}_i = \sum_{j=1,\ j\neq i}^{N} \bm{F}_{ij} + \bm{F}_i{}' \tag{3.2}$$

と表される。$\bm{F}_{ij}$は$\bm{F}_{ij}+\bm{F}_{ji}=0$を満たし,これは**作用反作用の法則**と呼ばれる。この内力が保存力の場合,力$\bm{F}_{ij}$は2点間の相対位置$\bm{r}_i-\bm{r}_j$の関数であるポテンシャル$U(\bm{r}_i-\bm{r}_j)$により

$$\bm{F}_{ij} = -\frac{\partial}{\partial \bm{r}_i} U(\bm{r}_i - \bm{r}_j) \tag{3.3}$$

と書かれる。力$\bm{F}_{ij}$が作用反作用の法則を満たすことは,この式からただちにわかる。この質点系のラグランジアンを求めてみよう。

2質点系のラグランジアン

$N = 2$ の場合,つまり空間内を運動する 2 個の質点系のラグランジアンを求めてみよう。この系の運動エネルギーは

$$T = \frac{m_1}{2}\dot{\boldsymbol{r}}_1^2 + \frac{m_2}{2}\dot{\boldsymbol{r}}_2^2$$

質点の運動量はそれぞれ

$$\boldsymbol{p}_1 = \frac{\partial T}{\partial \dot{\boldsymbol{r}}_1} = m_1\dot{\boldsymbol{r}}_1, \quad \boldsymbol{p}_2 = \frac{\partial T}{\partial \dot{\boldsymbol{r}}_2} = m_2\dot{\boldsymbol{r}}_2$$

となるので,運動方程式は

$$\begin{aligned}\frac{\mathrm{d}}{\mathrm{d}t}\left(\frac{\partial T}{\partial \dot{\boldsymbol{r}}_1}\right) &= m_1\ddot{\boldsymbol{r}}_1 = \boldsymbol{F}_{12} + \boldsymbol{F}_1{}' \\ \frac{\mathrm{d}}{\mathrm{d}t}\left(\frac{\partial T}{\partial \dot{\boldsymbol{r}}_2}\right) &= m_2\ddot{\boldsymbol{r}}_2 = \boldsymbol{F}_{21} + \boldsymbol{F}_2{}'\end{aligned} \tag{3.4}$$

となる。

質点間の力が保存力で (3.3) と書かれる場合,ラグランジアン L を

$$L = \frac{m_1}{2}\dot{\boldsymbol{r}}_1^2 + \frac{m_2}{2}\dot{\boldsymbol{r}}_2^2 - U(\boldsymbol{r}_1 - \boldsymbol{r}_2) \tag{3.5}$$

とおけば,ラグランジュの運動方程式

$$\frac{\mathrm{d}}{\mathrm{d}t}\left(\frac{\partial L}{\partial \dot{\boldsymbol{r}}_i}\right) - \frac{\partial L}{\partial \boldsymbol{r}_i} = \boldsymbol{F}_i{}' \quad (i = 1, 2) \tag{3.6}$$

が,運動方程式 (3.4) と等しいことを確かめることができる。さらに外力がポテンシャル $U'(\boldsymbol{r})$ を用いて

$$\boldsymbol{F}_i{}' = -\frac{\partial U'(\boldsymbol{r}_i)}{\partial \boldsymbol{r}_i} \tag{3.7}$$

と書かれる場合,ラグランジアンを新たに

$$L = \frac{m_1}{2}\dot{\boldsymbol{r}}_1^2 + \frac{m_2}{2}\dot{\boldsymbol{r}}_2^2 - U(\boldsymbol{r}_1 - \boldsymbol{r}_2) - U'(\boldsymbol{r}_1) - U'(\boldsymbol{r}_2) \tag{3.8}$$

と定義すれば,運動方程式は

$$\frac{\mathrm{d}}{\mathrm{d}t}\left(\frac{\partial L}{\partial \dot{\boldsymbol{r}}_i}\right) - \frac{\partial L}{\partial \boldsymbol{r}_i} = 0 \quad (i = 1, 2) \tag{3.9}$$

となる。

2 質点の運動を記述する場合は,$\boldsymbol{r}_1$, $\boldsymbol{r}_2$ の代わりに**重心ベクトル** $\boldsymbol{R} = \dfrac{m_1\boldsymbol{r}_1 + m_2\boldsymbol{r}_2}{m_1 + m_2}$ と相対座標ベクトル $\boldsymbol{r} = \boldsymbol{r}_1 - \boldsymbol{r}_2$ を用いると便利である。こ

のとき，ラグランジアン (3.5) は
$$L = \frac{m_1 + m_2}{2}\dot{\boldsymbol{R}}^2 + \frac{\mu}{2}\dot{\boldsymbol{r}}^2 - U(\boldsymbol{r}) \tag{3.10}$$
と書かれる。ここで $\mu = \dfrac{m_1 m_2}{m_1 + m_2}$ は**換算質量**と呼ばれる。$\boldsymbol{R}$ と $\boldsymbol{r}$ についての運動方程式 (3.6) をラグランジアンから求めると
$$(m_1 + m_2)\ddot{\boldsymbol{R}} = \boldsymbol{F}_1' + \boldsymbol{F}_2'$$
$$\mu\ddot{\boldsymbol{r}} = -\frac{\partial U}{\partial \boldsymbol{r}} + \frac{m_2 \boldsymbol{F}_1' - m_1 \boldsymbol{F}_2'}{m_1 + m_2} \tag{3.11}$$
となる。こうして，2 質点のラグランジアンは重心運動と相対運動の部分に分離し，それぞれの座標に関して独立な運動方程式が得られる。

例題3.1　ばねでつながれた質点

2 個の質点 m_1, m_2 をばねでつなぐ。質点の位置を x_1, x_2，ばねの自然長を l とするとき，この系のラグランジアンを重心座標，および相対座標で表せ。

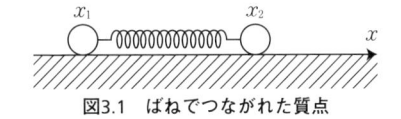

図3.1　ばねでつながれた質点

解　ラグランジアンは
$$L = \frac{1}{2}m_1\dot{x}_1^2 + \frac{1}{2}m_2\dot{x}_2^2 - \frac{k}{2}(x_2 - x_1 - l)^2 \tag{3.12}$$
となる。重心座標 $X = \dfrac{m_1 x_1 + m_2 x_2}{m_1 + m_2}$ と相対座標 $x = x_2 - x_1$ を用いると
$$x_2 = X + \frac{m_1}{m_1 + m_2}x, \quad x_1 = X - \frac{m_2}{m_1 + m_2}x \tag{3.13}$$
と表されるので，これをラグランジアンに代入すると
$$L = \frac{1}{2}M\dot{X}^2 + \frac{1}{2}\mu\dot{x}^2 - \frac{1}{2}k(x - l)^2 \tag{3.14}$$
となる。重心座標は自由な質点のラグランジアン，相対座標は単振動のラグランジアンである。

N 質点系のラグランジアン

N 個の質点系で，質点間に働く力が保存力 (3.3) となる場合のラグランジアン L は (3.5) を拡張して

$$L = \sum_{i=1}^{N} \frac{m_i}{2} \dot{\boldsymbol{r}}_i{}^2 - U(\boldsymbol{r}_1, \cdots, \boldsymbol{r}_N) \tag{3.15}$$

と表される。ここで

$$U(\boldsymbol{r}_1, \cdots, \boldsymbol{r}_N) = \sum_{i<j} U_{ij}(\boldsymbol{r}_i - \boldsymbol{r}_j) \tag{3.16}$$

であり，和記号 $\sum_{i<j}$ は $i<j$ となるようなすべての $i, j = 1, \cdots, N$ について和をとるということである。第 1 項は質点系の全運動エネルギー

$$T = \sum_{i=1}^{N} \frac{m_i}{2} \dot{\boldsymbol{r}}_i{}^2 \tag{3.17}$$

である。ラグランジュの運動方程式

$$\frac{\mathrm{d}}{\mathrm{d}t}\left(\frac{\partial L}{\partial \dot{\boldsymbol{r}}_i}\right) - \frac{\partial L}{\partial \boldsymbol{r}_i} = \boldsymbol{F}_i' \tag{3.18}$$

は，(3.15) を (3.18) に代入して

$$m_i \ddot{\boldsymbol{r}}_i = -\frac{\partial}{\partial \boldsymbol{r}_i} U(\boldsymbol{r}_1, \cdots, \boldsymbol{r}_N) + \boldsymbol{F}_i' \tag{3.19}$$

と書くことができる。

外力 $\boldsymbol{F}_i'$ が保存力で (3.7) の形に書かれる場合は，ポテンシャルを

$$U(\boldsymbol{r}_1, \cdots, \boldsymbol{r}_N) = \sum_{i<j} U_{ij}(\boldsymbol{r}_i - \boldsymbol{r}_j) + \sum_{i=1}^{N} U'(\boldsymbol{r}_i)$$

と再定義したラグランジアン

$$L = T - U(\boldsymbol{r}_1, \cdots, \boldsymbol{r}_N) \tag{3.20}$$

を使う。(3.20) をラグランジュの運動方程式

$$\frac{\mathrm{d}}{\mathrm{d}t}\left(\frac{\partial L}{\partial \dot{\boldsymbol{r}}_i}\right) - \frac{\partial L}{\partial \boldsymbol{r}_i} = 0 \tag{3.21}$$

に代入すると，i 番目の質点についてのニュートンの運動方程式

$$m_i \ddot{\boldsymbol{r}}_i = -\frac{\partial U}{\partial \boldsymbol{r}_i} \tag{3.22}$$

となる。つまり，力が保存力の場合，N 質点系のラグランジアンは運動エネルギーからポテンシャルを引いたもので書ける。

例題3.2 ばねでつながれた N 個の質点

N 個の質点 m_i を自然長 l のばねでつないだ系のラグランジアンを書き，運動方程式を求めよ．

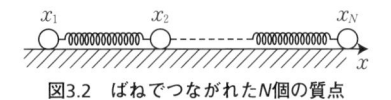

図3.2 ばねでつながれたN個の質点

解 ラグランジアンは
$$L = \frac{1}{2}\sum_{i=1}^{N} m_i \dot{x}_i^2 - \frac{1}{2}\sum_{i=1}^{N-1} k(x_{i+1} - x_i - l)^2 \tag{3.23}$$
であり，ラグランジュの運動方程式は
$$\frac{d}{dt}\left(\frac{\partial L}{\partial \dot{x}_i}\right) - \frac{\partial L}{\partial x_i} = m_i \ddot{x}_i + k(2x_i - x_{i+1} - x_{i-1}) = 0 \tag{3.24}$$
となる． ∎

3.2 一般化座標

位置ベクトル $\boldsymbol{r}_i$ の x, y, z 座標 (x_i, y_i, z_i) をひとまとめにして考えた座標
$$x = (x_1, x_2, x_3, \cdots, x_{3N}) = (x_1, y_1, z_1, \cdots, x_N, y_N, z_N)$$
を導入する．$3N$ 次元空間の1点を定めることにより，N 個の質点の位置を一度に表現するのである．運動量 $\boldsymbol{p}_i = (p_{ix}, p_{iy}, p_{iz}) = m_i \dot{\boldsymbol{r}}_i$ や力 $\boldsymbol{F}_i = (F_{ix}, F_{iy}, F_{iz})$ も同様に
$$p = (p_1, p_2, p_3, \cdots, p_{3N}) = (p_{1x}, p_{1y}, p_{1z}, \cdots, p_{Nz})$$
$$F = (F_1, \cdots, F_{3N}) = (F_{1x}, F_{1y}, F_{1z}, \cdots, F_{Nz})$$
とひとまとめに表す．元の座標 "x_i, y_i, z_i" に対して，共通の質量 m_i を対応させていた．この質量 m_i を，ひとまとめにした座標 "$x_{3i-2}, x_{3i-1}, x_{3i}$" の新しい番号付けに応じて "$m_{3i-2}, m_{3i-1}, m_{3i}$" と定義しなおすと便利である．こうするとこの質点系の全運動エネルギーは
$$T = \sum_{i=1}^{3N} \frac{m_i}{2} \dot{x}_i^2 \tag{3.25}$$

という形に書くことができる.すると運動方程式 $\dfrac{\mathrm{d}}{\mathrm{d}t}p_i = F_i$ は

$$\frac{\mathrm{d}}{\mathrm{d}t}\left(\frac{\partial T}{\partial \dot{x}_i}\right) = F_i \tag{3.26}$$

となる.

質点に働く力が保存力の場合,ラグランジアンは (3.20) を

$$L = \sum_{i=1}^{3N} \frac{m_i}{2}\dot{x}_i^2 - U(x_1, \cdots, x_{3N}) \tag{3.27}$$

という形に書くことができ,ラグランジュの運動方程式は

$$\frac{\mathrm{d}}{\mathrm{d}t}\left(\frac{\partial L}{\partial \dot{x}_i}\right) - \frac{\partial L}{\partial x_i} = 0 \tag{3.28}$$

となる.これは

$$m_i \ddot{x}_i = -\frac{\partial U}{\partial x_i} \tag{3.29}$$

と表され,ニュートンの運動方程式 (3.22) の形になる.(3.22) と (3.29) の違いは,(3.22) が各質点に対する 3 次元のベクトルの方程式であるのに対し,(3.29) はそれをひとまとめにした $3N$ 次元の空間における方程式であるということである.

1 質点の場合を思い出してみると,ラグランジュ方程式は直交座標や極座標をとっても同じ形に書かれることを見た.それでは N 質点の場合はどうなるだろうか.質点の運動は $3N$ 次元空間の座標 $x = (x_1, \cdots, x_{3N})$ で表される.この $3N$ 次元空間の点を指定するには $3N$ 個の変数があればよい.この変数を**一般化座標**といい,この変数の空間を**配位空間**という.このとき,質点系の**自由度**は $3N$ であるという.直交座標 $(x_1, \cdots, x_{3N})$ や 1 質点の場合の極座標 (r, θ, φ) は一般化座標の例である.

一般化座標を $q = (q_1, \cdots, q_{3N})$ とすると,x_i はこの $q_1, \cdots, q_{3N}$ の関数として

$$x_i = x_i(q_1, \cdots, q_{3N}) \quad i = 1, \cdots, N \tag{3.30}$$

と書かれる.すると x_i の時間に対する依存性は,時刻 t における $q_1, \cdots, q_{3N}$ の値 $q_1(t), \cdots, q_{3N}(t)$ を通じて決まる.つまり x_i の時間微分は

$$\dot{x}_i \equiv \frac{\mathrm{d}x_i}{\mathrm{d}t} = \sum_{j=1}^{3N} \frac{\partial x_i}{\partial q_j}\frac{\mathrm{d}q_j}{\mathrm{d}t} = \sum_{j=1}^{3N} \frac{\partial x_i}{\partial q_j}\dot{q}_j \tag{3.31}$$

で与えられる。偏微分 $\frac{\partial x_i}{\partial q_j}$ は q の関数なので，$\dot{x}_i$ は q と $\dot{q}$ の関数となる。
$$\dot{x}_i = \dot{x}_i(q_1, \cdots, q_{3N}, \dot{q}_1, \cdots, \dot{q}_{3N})$$
したがって，x_i とその微分 $\dot{x}_i$ の関数であるラグランジアン $L(x, \dot{x})$ は，$q, \dot{q}$ の関数 $L = L(q, \dot{q})$ であるともみなすことができる。

3.3　一般化座標での運動方程式

まず運動方程式 (3.26) を一般化座標 q を用いて表してみよう。以下，簡単のため $n = 3N$ とおく。運動エネルギー T は
$$T = \sum_{i=1}^{n} \frac{m_i}{2} \{\dot{x}_i(q, \dot{q})\}^2 \tag{3.32}$$
と表され，これは q と $\dot{q}$ の関数である。(3.31) を (3.32) に代入すると
$$T = \sum_{i=1}^{n} \sum_{k,l=1}^{n} \frac{m_i}{2} \frac{\partial x_i}{\partial q_k} \frac{\partial x_i}{\partial q_l} \dot{q}_k \dot{q}_l \tag{3.33}$$
となり，これは
$$T = \frac{1}{2} \sum_{k,l=1}^{n} a_{kl}(q) \dot{q}_k \dot{q}_l \tag{3.34}$$
という形にまとめられる。ここで，$a_{kl}(q)$ は一般化座標 q の関数で
$$a_{kl}(q) = \sum_{i=1}^{n} m_i \frac{\partial x_i}{\partial q_k} \frac{\partial x_i}{\partial q_l} \tag{3.35}$$
で与えられ，k, l について対称 $a_{kl} = a_{lk}$ である。

一般化運動量

運動エネルギー T を $\dot{q}_i$ で偏微分した
$$p_i = \frac{\partial T}{\partial \dot{q}_i} \tag{3.36}$$
を q_i に共役な**一般化運動量**という[1]。T は $\dot{x}$ を通じて $\dot{q}$ に依存しているので
$$p_i = \sum_{j=1}^{n} \frac{\partial T}{\partial \dot{x}_j} \frac{\partial \dot{x}_j}{\partial \dot{q}_i} \tag{3.37}$$
となる。ここで $\frac{\partial T}{\partial \dot{x}_i} = m_i \dot{x}_i$ および (3.31) より

---

[1]　第 4 章でこの定義は一般化される。

第3章 一般化座標とラグランジュの運動方程式

$$\frac{\partial \dot{x}_j}{\partial \dot{q}_i} = \frac{\partial x_j}{\partial q_i} \tag{3.38}$$

となるので

$$p_i = \sum_{j=1}^{n} \frac{\partial T}{\partial \dot{x}_j} \frac{\partial x_j}{\partial q_i} = \sum_{j=1}^{n} m_j \dot{x}_j \frac{\partial x_j}{\partial q_i} \tag{3.39}$$

となる．したがって，一般化運動量の時間微分は

$$\begin{aligned}
\frac{\mathrm{d}}{\mathrm{d}t} p_i &= \sum_{j=1}^{n} m_j \ddot{x}_j \frac{\partial x_j}{\partial q_i} + \sum_{j=1}^{n} m_j \dot{x}_j \frac{\mathrm{d}}{\mathrm{d}t}\left(\frac{\partial x_j}{\partial q_i}\right) \\
&= \sum_{j=1}^{n} F_j \frac{\partial x_j}{\partial q_i} + \sum_{j=1}^{n} m_j \dot{x}_j \frac{\mathrm{d}}{\mathrm{d}t}\left(\frac{\partial x_j}{\partial q_i}\right) \\
&= Q_i + \sum_{j=1}^{n} m_j \dot{x}_j \frac{\mathrm{d}}{\mathrm{d}t}\left(\frac{\partial x_j}{\partial q_i}\right)
\end{aligned} \tag{3.40}$$

と書かれる．ここで運動方程式 $m\ddot{x}_i = F_i$ を使った．記号 Q_i は

$$Q_i = \sum_{j=1}^{n} F_j \frac{\partial x_j}{\partial q_i} \tag{3.41}$$

と定義され，これを**一般化力**という．式 (3.40) の最後の式の第2項は $\frac{\partial T}{\partial q_i}$ と書かれることが以下のようにしてわかる．まず

$$\begin{aligned}
\frac{\partial T}{\partial q_i} &= \sum_{j=1}^{n} \frac{\partial T}{\partial \dot{x}_j} \frac{\partial \dot{x}_j}{\partial q_i} \\
&= \sum_{j=1}^{n} m_j \dot{x}_j \frac{\partial \dot{x}_j}{\partial q_i}
\end{aligned} \tag{3.42}$$

となる．ここで (3.31) より

$$\begin{aligned}
\frac{\partial \dot{x}_j}{\partial q_i} &= \sum_{k} \frac{\partial^2 x_j}{\partial q_i \partial q_k} \dot{q}_k \\
&= \sum_{k} \frac{\partial}{\partial q_k}\left(\frac{\partial x_j}{\partial q_i}\right) \dot{q}_k
\end{aligned}$$

と表される．$\frac{\partial x_j}{\partial q_i}$ は q の関数なので上式の右辺は $\frac{\partial x_j}{\partial q_i}$ の時間微分の形に書くことができる．すると

$$\frac{\partial \dot{x}_j}{\partial q_i} = \frac{\mathrm{d}}{\mathrm{d}t}\left(\frac{\partial x_j}{\partial q_i}\right) \tag{3.43}$$

となるので

$$\frac{\partial T}{\partial q_i} = \sum_{j} m_j \dot{x}_j \frac{\mathrm{d}}{\mathrm{d}t}\left(\frac{\partial x_j}{\partial q_i}\right) \tag{3.44}$$

となる．したがって，一般化座標を用いた運動方程式は

$$\frac{\mathrm{d}p_i}{\mathrm{d}t} = Q_i + \frac{\partial T}{\partial q_i} \tag{3.45}$$

と書かれる。(3.36) を用いると

$$\frac{\mathrm{d}}{\mathrm{d}t}\left(\frac{\partial T}{\partial \dot{q}_i}\right) - \frac{\partial T}{\partial q_i} = Q_i \tag{3.46}$$

を得る。

一般化力

一般化力 Q_i の意味について考えてみよう。一般化座標 q_i が微小変位することに生じる x_i の変位は

$$\mathrm{d}x_i = \sum_{j=1}^{n} \frac{\partial x_i}{\partial q_j} \mathrm{d}q_j \tag{3.47}$$

となる。このとき力 $F_1, \cdots, F_n$ がする仕事は

$$\delta W = \sum_{i=1}^{n} F_i \mathrm{d}x_i \tag{3.48}$$

である。これに (3.47) を代入すると

$$\begin{aligned}\delta W &= \sum_{i=1}^{n} F_i \sum_{j=1}^{n} \frac{\partial x_i}{\partial q_j} \mathrm{d}q_j \\ &= \sum_{j=1}^{n} \left(\sum_{i=1}^{n} F_i \frac{\partial x_i}{\partial q_j}\right) \mathrm{d}q_j\end{aligned} \tag{3.49}$$

となる。$\mathrm{d}q_j$ の係数は一般化力 Q_j (3.41) であり，

$$\delta W = \sum_{j=1}^{n} Q_j \mathrm{d}q_j \tag{3.50}$$

と書ける。

とくに力 F_i が保存力の場合，ポテンシャル U を用いて

$$F_i = -\frac{\partial U}{\partial x_i} \tag{3.51}$$

と書けるので一般化力は

$$\begin{aligned}Q_j &= -\sum_{i=1} \frac{\partial U}{\partial x_i}\frac{\partial x_i}{\partial q_j} \\ &= -\frac{\partial U}{\partial q_j}\end{aligned} \tag{3.52}$$

となる。

3.4 一般化座標とラグランジュの運動方程式

一般化力 Q_i がポテンシャル $U = U(q_1, \cdots, q_n)$ による保存力で書ける場合，(3.52) より運動方程式 (3.46) は

$$\frac{\mathrm{d}}{\mathrm{d}t}\left(\frac{\partial T}{\partial \dot{q}_i}\right) - \frac{\partial T}{\partial q_i} = -\frac{\partial U}{\partial q_i} \tag{3.53}$$

と書ける。これはラグランジアン

$$L = T(q, \dot{q}) - U(q)$$

から導かれた，一般化座標 q_i についてのラグランジュの運動方程式

$$\frac{\mathrm{d}}{\mathrm{d}t}\left(\frac{\partial L}{\partial \dot{q}_i}\right) - \frac{\partial L}{\partial q_i} = 0 \tag{3.54}$$

そのものである。もし一般化力 Q_i が保存力で書けない部分 $Q_i{}'$ を含む場合は運動方程式は

$$\frac{\mathrm{d}}{\mathrm{d}t}\left(\frac{\partial L}{\partial \dot{q}_i}\right) - \frac{\partial L}{\partial q_i} = Q_i{}' \tag{3.55}$$

と書かれる。

こうして，N 質点系の運動方程式はどのような一般化座標を用いてもラグランジュの運動方程式の形に書けることがわかった。ラグランジュの運動方程式は，はじめにラグランジアンを求めさえすれば，たちどころに書き下すことができる。さらにどのような座標を用いても，同じ形式に書くことができる。一方で，ニュートンの運動方程式の場合は，各質点に働く力を注意深く求めなければならない。これがラグランジュの運動方程式が強力な理由である。次章以降では，ラグランジュの方程式をさまざまな問題に適用して，この方程式が有用であることを見ていくことにする。

章末問題

3.1 質量 m_A の質点 1, 3 と質量 m_B の質点 2 を図のようにばね定数 k，自然長 l のばねでつなぐ。質点 1, 2, 3 の位置を x_1, x_2, x_3 とする。

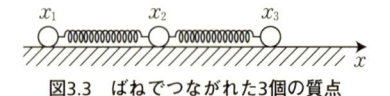

図3.3 ばねでつながれた3個の質点

(1) ラグランジアンを座標 x_1, x_2, x_3 を使って表せ。

(2) 重心座標 X と，重心を原点とする質点の位置 $\xi_i = x_i - X$ を使ってラグランジアンを表せ。

(3) 重心が静止しているとする。ξ_2 を消去し，ラグランジアンを ξ_1, ξ_3 を用いて表すことができる。このとき $q_1 = \xi_1 + \xi_3$, $q_2 = \xi_1 - \xi_3$ を使ってラグランジアンを表し，運動方程式を書き下せ。さらにそれを解いて q_1, q_2 を求めよ。

3.2 平面内において 3 個の質点 m_1, m_2, m_3 が万有引力により互いに引き合っている。質点の座標ベクトルを $\boldsymbol{r}_1$, $\boldsymbol{r}_2$, $\boldsymbol{r}_3$ とする。

(1) ラグランジアンを求め，運動方程式を書き下せ。

(2) 重心が静止しているものとし，位置ベクトルの原点を重心にとって考える。

質点が正三角形の形を保ちながら ($|\boldsymbol{r}_1 - \boldsymbol{r}_2| = |\boldsymbol{r}_2 - \boldsymbol{r}_3| = |\boldsymbol{r}_3 - \boldsymbol{r}_1| = a$ (a: 一定)) 運動しているとき，各質点は重心のまわりにどのような運動をするか。

第4章 質点や質点系の力学を調べる際に，個々の質点の運動方程式について詳しく見るよりも，系全体の性質を表す保存量に着目することで有用な情報が得られる場合がある。

保存量

4.1 エネルギーの保存

保存量（運動の積分）と呼ばれる，一般化座標とその時間微分の関数で，時間の経過とともにその値が変わらない物理量を求めることは，系の運動を決めるのに重要な役割を果たす。

N 個の質点系のラグランジュの運動方程式は，$3N$ 個の時間についての2階常微分方程式からなる。その解は，ある時刻における一般化座標とその速度の値という，$2N$ 個の初期条件により決まる。保存量の値は初期条件により定まり運動の間その値は変わらない。その結果，一般化座標の間に条件式が生じることにより，解くべき微分方程式の数を減らしたり，容易に解けるような形にすることができる。

ラグランジアン L が一般化座標 q_i とその微分 $\dot{q}_i$ の関数で，時間 t に直接依存しないとする。このとき，L は $q_i(t)$ と $\dot{q}(t)$ を通じて時間に依存しているので，ラグランジアンの時間微分は

$$\frac{dL}{dt} = \sum_i \left(\frac{\partial L}{\partial q_i} \dot{q}_i + \frac{\partial L}{\partial \dot{q}_i} \ddot{q}_i \right) \tag{4.1}$$

となる。ここで運動方程式 (3.54) により

$$\frac{\partial L}{\partial q_i} = \frac{\mathrm{d}}{\mathrm{d}t}\left(\frac{\partial L}{\partial \dot{q}_i}\right) \tag{4.2}$$

となるので，これを (4.1) に代入すると

$$\frac{\mathrm{d}L}{\mathrm{d}t} = \sum_i \left(\frac{\mathrm{d}}{\mathrm{d}t}\left(\frac{\partial L}{\partial \dot{q}_i}\right)\dot{q}_i + \frac{\partial L}{\partial \dot{q}_i}\ddot{q}_i\right)$$

$$= \sum_i \frac{\mathrm{d}}{\mathrm{d}t}\left(\frac{\partial L}{\partial \dot{q}_i}\dot{q}_i\right) \tag{4.3}$$

となる。この式は

$$\frac{\mathrm{d}}{\mathrm{d}t}\left(\sum_i \frac{\partial L}{\partial \dot{q}_i}\dot{q}_i - L\right) = 0 \tag{4.4}$$

という形に書き直すことができる。つまり

$$\sum_i \frac{\partial L}{\partial \dot{q}_i}\dot{q}_i - L \tag{4.5}$$

は運動の間一定の値を持つ保存量となる。ここでラグランジアンが q_i, $\dot{q}_i$ の関数として，運動エネルギー T とポテンシャル $U(q)$ の差

$$L = T(q, \dot{q}) - U(q) \tag{4.6}$$

で与えられる場合を考える。ここで T は (3.34) 式

$$T = \frac{1}{2}\sum_{i,j} a_{ij}(q)\dot{q}_i\dot{q}_j \tag{4.7}$$

で与えられる。このとき

$$\sum_i \frac{\partial L}{\partial \dot{q}_i}\dot{q}_i = \sum_i \frac{\partial T}{\partial \dot{q}_i}\dot{q}_i$$

$$= \sum_i \sum_j a_{ij}(q)\dot{q}_j\dot{q}_i$$

$$= 2T \tag{4.8}$$

となるので

$$\sum_i \frac{\partial L}{\partial \dot{q}_i}\dot{q}_i - L = 2T - (T - U) = T + U \tag{4.9}$$

となる。これは運動エネルギーとポテンシャルエネルギーの和であり，保存量 (4.5) は系の全エネルギーを表す。

例4.1　1次元の運動

ポテンシャル $U(x)$ のもとでの質点の運動のラグランジアンは

$$L = \frac{m}{2}\dot{x}^2 - U(x) \tag{4.10}$$

であり，運動方程式は $m\ddot{x} + \dfrac{\mathrm{d}U(x)}{\mathrm{d}x} = 0$ となる。全エネルギー

$$E = \frac{m}{2}\dot{x}^2 + U(x) \tag{4.11}$$

が保存することは，これを時間微分して運動方程式を代入した結果が

$$\frac{\mathrm{d}E}{\mathrm{d}t} = \left(m\ddot{x} + \frac{\mathrm{d}U(x)}{\mathrm{d}x}\right)\dot{x} = 0 \tag{4.12}$$

となることからわかる。(4.11) は

$$\mathrm{d}t = \pm\sqrt{\frac{m}{2}}\frac{1}{\sqrt{E - U(x)}}\,\mathrm{d}x \tag{4.13}$$

と書き直すことにより，

$$t = \pm\int\sqrt{\frac{m}{2}}\frac{1}{\sqrt{E - U(x)}}\,\mathrm{d}x + t_0 \tag{4.14}$$

の形に積分できる (t_0 は定数)。したがって，1 次元のポテンシャルのもとでの運動はエネルギー保存則を使って解くことができる。

4.2　循環座標

3.3 節の定義を拡張し，一般化座標 q_i に**共役な一般化運動量** p_i を

$$p_i = \frac{\partial L}{\partial \dot{q}_i} \tag{4.15}$$

で定義する。p_i は q と $\dot{q}$ の関数である。ラグランジアンが $L = T(q,\dot{q}) - U(q)$ と書ける場合は $\dfrac{\partial L}{\partial \dot{q}_i} = \dfrac{\partial T}{\partial \dot{q}_i}$ となり，3.3 節の定義と一致する。

一般化運動量を用いるとラグランジュの運動方程式は

$$\frac{\mathrm{d}p_i}{\mathrm{d}t} - \frac{\partial L}{\partial q_i} = 0 \tag{4.16}$$

と書かれる。ラグランジアン $L(q,\dot{q})$ が q_i を直接含まないとき，$\dfrac{\partial L}{\partial q_i} = 0$ となるので，運動方程式から

$$\frac{\mathrm{d}p_i}{\mathrm{d}t} = 0$$

が導かれる。p_i は時間的に変化しない保存量となる。このとき，q_i を**循環**

座標という。

> **例4.2** 2次元中心力ポテンシャル

極座標 (r, θ) を用いて，中心力ポテンシャル $U(r)$ のもとでの質点の運動を考える。ラグランジアンは

$$L = \frac{m}{2}(\dot{r}^2 + r^2\dot{\theta}^2) - U(r)$$

となる。角度座標 θ は，ラグランジアンの中に入っていないので循環座標である。θ に共役な運動量 p_θ は

$$p_\theta = \frac{\partial L}{\partial \dot{\theta}} = mr^2\dot{\theta} \tag{4.17}$$

で与えられ，一定である。4.4節で p_θ は角運動量と解釈されることがわかる。r に関する運動方程式は (2.41) より

$$m\ddot{r} - mr\dot{\theta}^2 + \frac{dU(r)}{dr} = 0 \tag{4.18}$$

となる。これに (4.17) を $\dot{\theta}$ について解いた式 $\dot{\theta} = \frac{p_\theta}{mr^2}$ を代入すると，運動方程式は

$$m\ddot{r} - \frac{p_\theta^2}{mr^3} + \frac{dU(r)}{dr} = 0 \tag{4.19}$$

と書くことができる。この式はさらに

$$m\ddot{r} + \frac{dU_{\text{eff}}(r)}{dr} = 0, \quad U_{\text{eff}}(r) = U(r) + \frac{p_\theta^2}{2mr^2} \tag{4.20}$$

と変形される。このことは，r 方向の運動がポテンシャル $U_{\text{eff}}(r)$ のもとでの運動と等価であることを示している。この $U_{\text{eff}}(r)$ を**有効ポテンシャル**という。

また，全エネルギー E は

$$E = \frac{m}{2}(\dot{r}^2 + r^2\dot{\theta}^2) + U(r) \tag{4.21}$$

であるが，これも $\dot{\theta}$ の式を代入して

$$E = \frac{m}{2}\dot{r}^2 + U_{\text{eff}}(r) \tag{4.22}$$

と有効ポテンシャルを用いて書くことができる。これは1次元のポテンシャルのもとでの運動なので，例4.1のように

第4章 保存量

$$t = \pm \int dr \sqrt{\frac{m}{2}} \frac{1}{\sqrt{E - U(r) - \frac{p_\theta^2}{2mr^2}}} + t_0 \qquad (4.23)$$

と解が求められる。すなわち，2 次元の中心力ポテンシャルのもとでの運動は，角運動量とエネルギー保存則を使って解くことができる。

4.3 運動量の保存

外力が働いていない N 個の質点系のラグランジアン

$$L(\boldsymbol{r}_1, \cdots, \boldsymbol{r}_N, \dot{\boldsymbol{r}}_1, \cdots, \dot{\boldsymbol{r}}_N) = \sum_{i=1}^{N} \frac{m_i}{2} \dot{\boldsymbol{r}}_i^2 - U(\boldsymbol{r}_1, \cdots, \boldsymbol{r}_N) \qquad (4.24)$$

を考える。ポテンシャルは各質点の位置ベクトルの $\boldsymbol{r}_i$ の差 $\boldsymbol{r}_i - \boldsymbol{r}_j$ の関数の和として表されるとする。

$$U(\boldsymbol{r}_1, \cdots, \boldsymbol{r}_N) = \sum_{i<j} U_{ij}(\boldsymbol{r}_i - \boldsymbol{r}_j) \qquad (4.25)$$

このラグランジアンは，$\boldsymbol{r}_i$ を一斉に同じ定数ベクトル $\boldsymbol{\varepsilon}$ だけずらしても ($\boldsymbol{r}_i \to \boldsymbol{r}_i + \boldsymbol{\varepsilon}$) その値は変わらない。

$$L(\boldsymbol{r}_1 + \boldsymbol{\varepsilon}, \cdots, \boldsymbol{r}_N + \boldsymbol{\varepsilon}, \dot{\boldsymbol{r}}_1, \cdots, \dot{\boldsymbol{r}}_N) = L(\boldsymbol{r}_1, \cdots, \boldsymbol{r}_N, \dot{\boldsymbol{r}}_1, \cdots, \dot{\boldsymbol{r}}_N) \qquad (4.26)$$

$\boldsymbol{\varepsilon}$ を無限小ベクトルとして，左辺を $\boldsymbol{\varepsilon}$ で展開すると

$$\boldsymbol{\varepsilon} \cdot \sum_i \frac{\partial L}{\partial \boldsymbol{r}_i} = 0 \qquad (4.27)$$

が成り立つ。これがベクトル $\boldsymbol{\varepsilon}$ の任意の方向について成り立つためには

$$\sum_i \frac{\partial L}{\partial \boldsymbol{r}_i} = 0 \qquad (4.28)$$

となる必要がある。一方でラグランジュの運動方程式

$$\frac{d}{dt}\left(\frac{\partial L}{\partial \dot{\boldsymbol{r}}_i}\right) - \frac{\partial L}{\partial \boldsymbol{r}_i} = 0 \qquad (4.29)$$

を用いると，(4.28) から

$$\frac{d}{dt} \sum_i \left(\frac{\partial L}{\partial \dot{\boldsymbol{r}}_i}\right) = 0 \qquad (4.30)$$

が成立する。この式は

$$\sum_i \frac{\partial L}{\partial \dot{\boldsymbol{r}}_i} \qquad (4.31)$$

が保存量であることを意味する。一方で

$$\frac{\partial L}{\partial \dot{\boldsymbol{r}}_i} = m_i \dot{\boldsymbol{r}}_i = \boldsymbol{p}_i \tag{4.32}$$

であるので，$\frac{\partial L}{\partial \dot{\boldsymbol{r}}_i}$ は質点 m_i の運動量を表す。したがって，(4.31) は運動量の総和 $\sum_i \boldsymbol{p}_i$ が保存量であることを意味する。

4.4　角運動量の保存

空間内における中心力ポテンシャルのもとでの質点の運動を考える。直交座標 (x, y, z) におけるラグランジアンは

$$L(x, y, z, \dot{x}, \dot{y}, \dot{z}) = \frac{m}{2}(\dot{x}^2 + \dot{y}^2 + \dot{z}^2) - U(r) \tag{4.33}$$

となる。ここで $U(r)$ はポテンシャルであり，$r = \sqrt{x^2 + y^2 + z^2}$ は中心 O からの距離である。このラグランジアンは，O を通る任意の軸のまわりの回転に対し不変である。たとえば，z 軸まわりに質点の位置を角度 ϕ 回転させるとすると，その位置 (x', y', z') は

$$\begin{aligned} x' &= x\cos\phi - y\sin\phi \\ y' &= x\sin\phi + y\cos\phi \\ z' &= z \end{aligned} \tag{4.34}$$

となる。その微分も

$$\begin{aligned} \dot{x}' &= \dot{x}\cos\phi - \dot{y}\sin\phi \\ \dot{y}' &= \dot{x}\sin\phi + \dot{y}\cos\phi \\ \dot{z}' &= \dot{z} \end{aligned} \tag{4.35}$$

と変換される。この回転に対して，原点からの距離は変化しない。

$$\sqrt{(x')^2 + (y')^2 + (z')^2} = \sqrt{x^2 + y^2 + z^2} \tag{4.36}$$

さらに速度ベクトルの 2 乗も不変である。

$$(\dot{x}')^2 + (\dot{y}')^2 + (\dot{z}')^2 = \dot{x}^2 + \dot{y}^2 + \dot{z}^2 \tag{4.37}$$

したがって，ラグランジアンは z 軸のまわりの回転に対して不変である。

$$L(x', y', z', \dot{x}', \dot{y}', \dot{z}') = L(x, y, z, \dot{x}, \dot{y}, \dot{z}) \tag{4.38}$$

いま，ϕ を無限小パラメーター ε とする場合，近似式 $\sin\varepsilon \approx \varepsilon$，$\cos\varepsilon \approx 1$ を用いると，(4.34) は

第4章 保存量

$$x' = x - \varepsilon y$$
$$y' = \varepsilon x + y$$
$$z' = z \qquad (4.39)$$

となり，速度についても同様な式が成り立つ．ラグランジアンはこの無限小回転に対しても不変なので

$$L(x - \varepsilon y, y + \varepsilon x, z, \dot{x} - \varepsilon \dot{y}, \dot{y} + \varepsilon \dot{x}, \dot{z}) = L(x, y, z, \dot{x}, \dot{y}, \dot{z}) \qquad (4.40)$$

が成り立つ．左辺を ε で展開して右辺と比べると，ε の1次のオーダーの項はゼロになるので

$$-\frac{\partial L}{\partial x}\varepsilon y + \frac{\partial L}{\partial y}\varepsilon x - \frac{\partial L}{\partial \dot{x}}\varepsilon \dot{y} + \frac{\partial L}{\partial \dot{y}}\varepsilon \dot{x} = 0 \qquad (4.41)$$

を得る．ラグランジュの運動方程式

$$\frac{\mathrm{d}}{\mathrm{d}t}\left(\frac{\partial L}{\partial \dot{x}}\right) - \frac{\partial L}{\partial x} = 0, \quad \frac{\mathrm{d}}{\mathrm{d}t}\left(\frac{\partial L}{\partial \dot{y}}\right) - \frac{\partial L}{\partial y} = 0 \qquad (4.42)$$

を用いると，(4.41) は

$$\varepsilon \frac{\mathrm{d}}{\mathrm{d}t}(xp_y - yp_x) = 0 \qquad (4.43)$$

と書き表せる．これは，質点の原点 O のまわりの**角運動量ベクトル**

$$\boldsymbol{L} = \boldsymbol{r} \times \boldsymbol{p} = \begin{pmatrix} yp_z - zp_y \\ zp_x - xp_z \\ xp_y - yp_x \end{pmatrix} \qquad (4.44)$$

の z 成分が保存することを意味する．

$$\frac{\mathrm{d}L_z}{\mathrm{d}t} = 0 \qquad (4.45)$$

同様にして，x 軸まわりおよび y 軸まわりの微小回転に対し

$$\frac{\mathrm{d}L_x}{\mathrm{d}t} = 0, \quad \frac{\mathrm{d}L_y}{\mathrm{d}t} = 0 \qquad (4.46)$$

が成り立つことが示される．つまり中心力のもとで質点の O のまわりの角運動量は保存する．

$$\frac{\mathrm{d}\boldsymbol{L}}{\mathrm{d}t} = 0 \qquad (4.47)$$

例題4.1 円筒座標系における角運動量ベクトル

x, y 座標を2次元極座標で表し，さらに z 座標を加えた3次元座標系（r,

$\theta, z)$ を**円筒座標系**という。円筒座標における角運動量ベクトルとその時間微分を計算せよ。

解 円筒座標系では $x = r\cos\theta, y = r\sin\theta$ である。位置ベクトルは

$$\boldsymbol{r} = r\boldsymbol{e}_r + z\boldsymbol{e}_z \tag{4.48}$$

さらに速度ベクトルは

$$\dot{\boldsymbol{r}} = \dot{r}\boldsymbol{e}_r + r\dot{\theta}\boldsymbol{e}_\theta + \dot{z}\boldsymbol{e}_z \tag{4.49}$$

となる。基底ベクトル $\boldsymbol{e}_r, \boldsymbol{e}_\theta, \boldsymbol{e}_z$ は正規直交基底であり、外積について

$$\boldsymbol{e}_r \times \boldsymbol{e}_\theta = \boldsymbol{e}_z$$
$$\boldsymbol{e}_\theta \times \boldsymbol{e}_z = \boldsymbol{e}_r$$
$$\boldsymbol{e}_z \times \boldsymbol{e}_r = \boldsymbol{e}_\theta \tag{4.50}$$

の関係式を満たす。これより角運動量ベクトルは

$$\begin{aligned}\boldsymbol{L} &= \boldsymbol{r} \times m\dot{\boldsymbol{r}} \\ &= m(r\boldsymbol{e}_r + z\boldsymbol{e}_z) \times (\dot{r}\boldsymbol{e}_r + r\dot{\theta}\boldsymbol{e}_\theta + \dot{z}\boldsymbol{e}_z)\end{aligned} \tag{4.51}$$

となり、(4.50) を用いてこれを評価すると

$$\boldsymbol{L} = -mzr\dot{\theta}\boldsymbol{e}_r + m(z\dot{r} - r\dot{z})\boldsymbol{e}_\theta + mr^2\dot{\theta}\boldsymbol{e}_z \tag{4.52}$$

となる。$\boldsymbol{L}$ の時間微分は (1.24) を用いると、次のようになる。

$$\frac{d\boldsymbol{L}}{dt} = -mz(r\ddot{\theta} + 2\dot{r}\dot{\theta})\boldsymbol{e}_r + m\left\{-zr\dot{\theta}^2 + \frac{d}{dt}(z\dot{r} - r\dot{z})\right\}\boldsymbol{e}_\theta + \frac{d}{dt}(mr^2\dot{\theta})\boldsymbol{e}_z \tag{4.53}$$ ∎

いま、運動を $z = 0$ 平面内に限るならば、$\boldsymbol{L}$ は z 成分しか持たず、その値は $L_z = mr^2\dot{\theta}$ となる。これは、平面内の中心力ポテンシャルの問題における循環座標 θ の共役運動量 p_θ (4.17) に等しい。

4.5 対称性と保存則

エネルギー保存則を確かめる際に、出発点としてラグランジアンが時間 t に直接よらないことを仮定した。これは、系が時間座標の並進 $t \to t + t_0$ に対して不変なことを意味する。一方で運動量保存則は、系の位置座標を一斉に平行移動してもラグランジアンが不変なことから導かれた。さらに角運動量の保存則は、系が回転に対し不変であることから導かれた。こ

のように質点系の持つ対称性と保存量は密接に関係している。

一般にラグランジアン $L(q, \dot{q}, t)$ が，ある無限小変換 $q_i \to q_i' = q_i + \varepsilon S_i(q)$ に対して不変であるとする。ここで，$S(q)$ は q の関数である。すると

$$L(q', \dot{q}', t) = L(q, \dot{q}, t) \tag{4.54}$$

となり，左辺を ε で展開すると

$$\sum_i \frac{\partial L}{\partial q_i} S_i(q) + \frac{\partial L}{\partial \dot{q}_i} \dot{S}_i(q) = 0 \tag{4.55}$$

を得る。ラグランジュの運動方程式 (4.2) を使うと

$$\frac{\mathrm{d}}{\mathrm{d}t}\left(\sum_i \frac{\partial L}{\partial \dot{q}_i} S_i(q) \right) = 0 \tag{4.56}$$

となり

$$\sum_i \frac{\partial L}{\partial \dot{q}_i} S_i(q) \tag{4.57}$$

は保存量となる。

このように，ある連続的な変換のもとでラグランジアンが不変なとき保存量が存在するという事実は，**ネーターの定理**と呼ばれる。エネルギー，運動量，角運動量の保存はその定理の例である。この定理における無限小変換と保存量の関係をすっきりと定式化するためには，後の章に出てくるハミルトン形式を用いるのが便利なので，11.4 節でもう一度対称性と保存則の関係について立ち返ることにする。

10分補講

3体問題，戸田格子

保存量を求めることは，力学の問題を解くにあたり重要である。互いに万有引力で引き合う2個の質点の運動 (ケプラー問題) は，保存量を求めることで解くことができる。しかし，3個の質点からなる系の運動 (3体問題) はエネルギー，運動量の他は，解析的に保存量を求めることができないことが，ポアンカレにより示された。一方で，N 個の質点が指数関数型のポテンシャルにより相互作用している系 (戸田格子)

$$L = \sum_{i=1}^{N} \frac{m}{2} \dot{x}_i^2 - \sum_{i=1}^{N-1} e^{-k(x_i - x_{i+1})}$$

は N 個の保存量を求めることができ，解くことができる．自由度と同じだけの保存量をもつ力学系を可積分系という．3体問題の研究は，力学にカオスという分野をもたらし，また戸田格子の研究により可積分系の研究が大きく発展した．この2つの分野は現代の解析力学の研究の大きな柱になっている．

章末問題

4.1 ディラックは1931年に磁荷を持つ粒子，磁気単極子（モノポール）を提案した．その影響下での電荷 q を持つ粒子（質量 m）の運動について調べる．モノポールを原点に固定しておくと，そのまわりにおける磁束密度は

$$\boldsymbol{B} = g\frac{\boldsymbol{r}}{r^3}$$

で与えられる．g はモノポールの磁荷である．
(1) 運動方程式を書け．
(2) 質点の運動エネルギー $T = \dfrac{m\dot{\boldsymbol{r}}^2}{2}$ が保存することを示せ．
(3) ベクトル $\boldsymbol{J}$ を

$$\boldsymbol{J} = \boldsymbol{L} - \frac{qg\boldsymbol{r}}{r}$$

で定義すると $\boldsymbol{J}$ が保存することを示せ．ここで $\boldsymbol{L}$ は角運動量ベクトル $\boldsymbol{L} = m\boldsymbol{r} \times \dot{\boldsymbol{r}}$ である．
(4) $\boldsymbol{r} \cdot \boldsymbol{J} = -qgr$ を示し，$\boldsymbol{r}$ と $\boldsymbol{J}$ のなす角度 θ が一定であることを示せ．

4.2 3次元極座標 (r, θ, φ) における角運動量ベクトルとその時間微分を計算せよ．

4.3 ラグランジアンが x 軸のまわりの回転および y 軸のまわりの回転に対して不変であるとき，角運動量 $\boldsymbol{L}$ の x 成分，y 成分が保存量であることを示せ．

第5章

前章までは，N 個の質点が空間内を自由に運動できる場合を扱った。実際の力学の問題では，各質点の運動に制限が生じることがしばしば起こる。この章では，そうした束縛条件のある場合について議論することにする。

ラグランジュの運動方程式と束縛条件

5.1 束縛条件と一般化座標

まず，ニュートンの運動方程式の立場で束縛条件のある場合の問題を考えてみよう。束縛条件のある運動で典型的なものは，斜面や曲面に沿った運動である。

例5.1 斜面上の質点の運動

重力のもとで滑らかな斜面を滑り落ちる質点の運動について考える。質点は斜面に力を及ぼすが，斜面からは反作用として質点に垂直抗力 N が働き，質点が斜面にめり込むのを妨げる。この垂直抗力と重力の斜面に垂直な成分がつり合って，質点は斜面に沿って進んで行く。言い換えると，質点は斜面上に束縛されながら運動していくことになる。運動方程式は斜面に沿って x' 軸，斜面に垂直に z' 軸をとると（図5.1）

$$m\ddot{x}' = mg \sin\theta$$
$$N = mg \cos\theta \tag{5.1}$$

となる。

一方で，水平方向に x 軸，鉛直方向に z 軸をとる。この座標系では，質点は，$z = -x \tan\theta + h$ という条件を満たしながら運動する。このように座標に課される条件を**束縛条件**と呼ぶ。一般に，空間中での運動で質点

の運動が曲面 $z = f(x, y)$ 上に制限される場合，その曲面の方程式が束縛条件となる。物体が曲面から飛び出す場合には，曲面からの垂直抗力はもはやない。この場合を含んだ条件式は $z \geq f(x, y)$ となる。このように束縛条件の式は等式とは限らないが，ここでは簡単のため等式で表されるような場合について考察しよう。

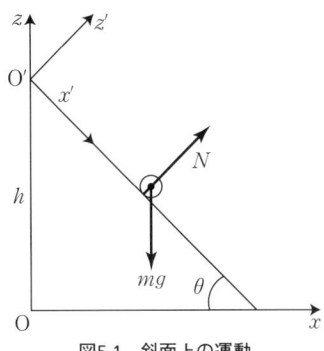

図5.1 斜面上の運動

例5.2 単振り子の運動

長さ l が一定のひもで吊るされた質量 m の質点の運動方程式を考える。極座標 (r, θ) を用いると，質点の運動は角度方向と動径方向に分けて

$$ml\ddot{\theta} = -mg\sin\theta \tag{5.2}$$
$$ml\dot{\theta}^2 = T - mg\cos\theta \tag{5.3}$$

となる。張力 T と重力の動径方向成分の和が円運動を実現するように T が決まることになる。束縛条件は

$$r = l \tag{5.4}$$

となる。

ラグランジュの運動方程式の立場では，束縛条件を取り入れることにより，垂直抗力や張力が直接表れない形で運動方程式を立てることができる。

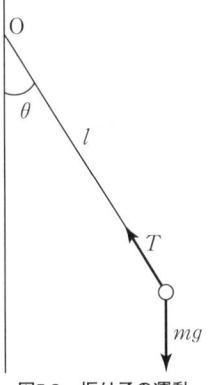

図5.2 振り子の運動

例5.3 斜面上の運動

例5.1の場合，xz面での運動を考えるとラグランジアンは

$$L = \frac{m}{2}(\dot{x}^2 + \dot{z}^2) - mgz \tag{5.5}$$

となる。座標 (x, z) は束縛条件 $z = -x\tan\theta + h$ を満たしながら運動する。この座標を図の斜面に沿った x' 座標で

$$x = x'\cos\theta \tag{5.6}$$
$$z = h - x'\sin\theta \tag{5.7}$$

と表す。時間微分をとると

第 5 章　ラグランジュの運動方程式と束縛条件

$$\dot{x} = \dot{x}' \cos\theta \tag{5.8}$$

$$\dot{z} = -\dot{x}' \sin\theta \tag{5.9}$$

となるので，これをラグランジアン (5.5) に代入すると

$$L = \frac{m}{2}(\dot{x}')^2 - mg(h - x'\sin\theta) \tag{5.10}$$

となる．これから x' についての運動方程式を求めると

$$\frac{\mathrm{d}}{\mathrm{d}t}\left(\frac{\partial L}{\partial \dot{x}'}\right) - \left(\frac{\partial L}{\partial x'}\right) = m\ddot{x}' - mg\sin\theta = 0 \tag{5.11}$$

となり，斜面に沿う方向の運動方程式を得る．

例5.4　単振り子

例 5.2 の場合，極座標 (r, θ) を使ったラグランジアンは

$$L = \frac{m}{2}(\dot{r}^2 + r^2\dot{\theta}^2) + mgr\cos\theta \tag{5.12}$$

となるが，$r = l$ という束縛条件を代入すると

$$L = \frac{m}{2}l^2\dot{\theta}^2 + mgl\cos\theta \tag{5.13}$$

となる．これより角度 θ に関する運動方程式は

$$\frac{\mathrm{d}}{\mathrm{d}t}\left(\frac{\partial L}{\partial \dot{\theta}}\right) - \frac{\partial L}{\partial \theta} = ml^2\ddot{\theta} + mgl\sin\theta = 0 \tag{5.14}$$

となる．θ が微小な場合，運動方程式は

$$ml^2\ddot{\theta} + mgl\theta = 0 \tag{5.15}$$

となり，これは単振動の運動方程式となる．

例題5.1　球面振り子

長さ l の単振り子の運動において，鉛直面内に沿っていない初速度を質点に与えることにより空間内を運動させることができる．振り子の支点を原点とする極座標 (r, θ, φ) を用いてラグランジアンを作り，運動方程式を求めよ．

解　束縛条件は $r = l$ となり，質点の運動エネルギーは (2.22) に束縛条件を代入し

$$T = \frac{m}{2}l^2(\dot{\theta}^2 + \sin^2\theta\,\dot{\varphi}^2) \tag{5.16}$$

となる．ポテンシャルは

$$U = mgl(1 - \cos\theta) \tag{5.17}$$

となるので，ラグランジアンは

$$L = \frac{m}{2}l^2(\dot{\theta}^2 + \sin^2\theta\,\dot{\varphi}^2) - mgl(1 - \cos\theta) \tag{5.18}$$

で与えられる。運動方程式は

$$\frac{\mathrm{d}}{\mathrm{d}t}\left(\frac{\partial L}{\partial \dot{\theta}}\right) - \frac{\partial L}{\partial \theta} = ml^2\ddot{\theta} - ml^2\sin\theta\cos\theta\,\dot{\varphi}^2 + mgl\sin\theta = 0$$

$$\frac{\mathrm{d}}{\mathrm{d}t}\left(\frac{\partial L}{\partial \dot{\varphi}}\right) - \frac{\partial L}{\partial \varphi} = \frac{\mathrm{d}}{\mathrm{d}t}(ml^2\sin^2\theta\,\dot{\varphi}) = 0 \tag{5.19}$$

となる。角度座標 φ は循環座標である。保存量

$$p_\varphi = ml^2\sin^2\theta\,\dot{\varphi} \tag{5.20}$$

を定義すると，

$$\dot{\varphi} = \frac{p_\varphi}{ml^2\sin^2\theta} \tag{5.21}$$

と求められ，これを θ の運動方程式に代入すると

$$ml^2\ddot{\theta} - \frac{p_\varphi^2}{ml^2}\frac{\cos\theta}{\sin^3\theta} + mgl\sin\theta = 0 \tag{5.22}$$

を得る。∎

質点系における束縛条件

N 質点系に，束縛条件がある場合のラグランジアンを求めよう。N 個の質点の直交座標 $(x_1, \cdots, x_{3N})$ の間に n 個の条件式 ($n < 3N$)

$$f_A(x_1, \cdots, x_{3N}) = 0 \quad A = 1, \cdots, n \tag{5.23}$$

の形で表される束縛条件がある場合を考える。これは $3N$ 個の変数 $x_1, \cdots, x_{3N}$ に関する n 個の連立方程式なので，x_i は完全には決まらず，$f = 3N - n$ 個のパラメーター $q_1, \cdots, q_f$ を用いて

$$x_i = x_i(q_1, \cdots, q_f) \quad i = 1, \cdots, 3N \tag{5.24}$$

という形に表すことができる。パラメーター $q_1, \cdots, q_f$ は系の位置を決める一般化座標である。このような形で解くことのできる束縛条件は**ホロノミック**な条件と呼ばれる。q の個数 $f = 3N - n$ をこの力学系の**自由度**という。直交座標 x_i の時間微分は，$x_i(t)$ が $q_1(t), \cdots, q_f(t)$ を通じて時間に依存していることから

$$\dot{x}_i = \sum_{a=1}^{f} \frac{\partial x_i}{\partial q_a} \dot{q}_a \tag{5.25}$$

となる。したがって，これを直交座標におけるラグランジアン

$$L = \sum_{i=1}^{3N} \frac{1}{2} m_i \dot{x}_i^2 - U(x_1, \cdots, x_{3N}) \tag{5.26}$$

に代入すると，L は q と $\dot{q}$ の関数として

$$L = \sum_{a,b=1}^{f} \frac{1}{2} \sum_{i=1}^{3N} m_i \frac{\partial x_i}{\partial q_a} \frac{\partial x_i}{\partial q_b} \dot{q}_a \dot{q}_b - U(x_1(q), \cdots, x_{3N}(q)) \tag{5.27}$$

の形に書ける。これから一般化座標 q_a についてのラグランジュ方程式

$$\frac{d}{dt}\left(\frac{\partial L}{\partial \dot{q}_a}\right) - \frac{\partial L}{\partial q_a} = 0 \tag{5.28}$$

を求めることができ，これを解くことにより，束縛条件のある場合の運動を知ることができる。

例題5.2　2重振り子

図のような2個の質点を長さ l_1, l_2 のひもでつないだ2重振り子のラグランジアンを求め，運動方程式を書け。

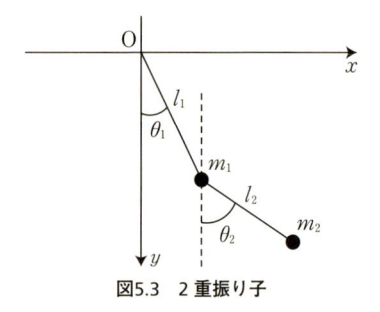

図5.3　2重振り子

解　水平方向に x 軸，鉛直下向きに y 軸をとると，質点 m_1, m_2 の x, y 座標は

$$x_1 = l_1 \sin\theta_1, \quad y_1 = l_1 \cos\theta_1$$
$$x_2 = l_1 \sin\theta_1 + l_2 \sin\theta_2, \quad y_2 = l_1 \cos\theta_1 + l_2 \cos\theta_2 \tag{5.29}$$

となる。速度は

$$\dot{x}_1 = l_1 \cos\theta_1 \dot{\theta}_1, \quad \dot{y}_1 = -l_1 \sin\theta_1 \dot{\theta}_1$$
$$\dot{x}_2 = l_1 \cos\theta_1 \dot{\theta}_1 + l_2 \cos\theta_2 \dot{\theta}_2, \quad \dot{y}_2 = -l_1 \sin\theta_1 \dot{\theta}_1 - l_2 \sin\theta_2 \dot{\theta}_2 \tag{5.30}$$

となる。これをラグランジアン

$$L = \frac{m_1}{2}\left(\dot{x}_1^2 + \dot{y}_1^2\right) + \frac{m_2}{2}\left(\dot{x}_2^2 + \dot{y}_2^2\right) + m_1 g y_1 + m_2 g y_2 \quad (5.31)$$

に代入すると

$$\begin{aligned}L = \frac{m_1}{2}l_1^2\dot{\theta}_1^2 &+ \frac{m_2}{2}\left(l_1^2\dot{\theta}_1^2 + l_2^2\dot{\theta}_2^2 + 2l_1 l_2 \cos(\theta_1 - \theta_2)\dot{\theta}_1\dot{\theta}_2\right)\\ &+ m_1 g l_1 \cos\theta_1 + m_2 g (l_1 \cos\theta_1 + l_2 \cos\theta_2) \end{aligned} \quad (5.32)$$

を得る。ラグランジュの運動方程式は

$$\begin{aligned}\frac{\mathrm{d}}{\mathrm{d}t}\left(\frac{\partial L}{\partial \dot{\theta}_1}\right) - \frac{\partial L}{\partial \theta_1} &= (m_1 + m_2)l_1^2\ddot{\theta}_1 + m_2 l_1 l_2 \cos(\theta_1 - \theta_2)\ddot{\theta}_2 \\ &\quad + m_2 l_1 l_2 \sin(\theta_1 - \theta_2)\dot{\theta}_2^2 + (m_1 + m_2)gl_1\sin\theta_1 = 0 \\ \frac{\mathrm{d}}{\mathrm{d}t}\left(\frac{\partial L}{\partial \dot{\theta}_2}\right) - \frac{\partial L}{\partial \theta_2} &= m_2 l_2^2\ddot{\theta}_2 + m_2 l_1 l_2 \cos(\theta_1 - \theta_2)\ddot{\theta}_1 \\ &\quad - m_2 l_1 l_2 \sin(\theta_1 - \theta_2)\dot{\theta}_1^2 + m_2 g l_2 \sin\theta_2 = 0 \end{aligned} \quad (5.33)$$

となる。この運動方程式の微小振動解については，第 8 章で議論する。■

5.2 時間に依存する束縛条件

束縛条件は，時間に依存して変化することもある。束縛条件の式 (5.23) に時間 t が入った場合，つまり条件が

$$f_A(x_1, \cdots, x_{3N}, t) = 0 \quad A = 1, \cdots, n \quad (5.34)$$

と書かれる場合について考察しよう。これも (5.24) と同様に一般化座標 $q_1, \cdots, q_f$ ($f = 3N - n$) を用いて

$$x_i = x_i(q_1, \cdots, q_f, t) \quad i = 1, \cdots, 3N \quad (5.35)$$

と解けたとする。今度は時間 t を直接含んでいるのでその時間微分は

$$\dot{x}_i = \sum_{a=1}^{f} \frac{\partial x_i}{\partial q_a}\dot{q}_a + \frac{\partial x_i}{\partial t} \quad (5.36)$$

という形になる。ここで $\frac{\partial x_i}{\partial t}$ は $q_1, \cdots, q_f$ を固定して t について微分するということである。これからラグランジアンは

$$\begin{aligned}L = \sum_{a,b=1}^{f}\frac{1}{2}\sum_{i=1}^{3N} m_i \frac{\partial x_i}{\partial q_a}\frac{\partial x_i}{\partial q_b}\dot{q}_a\dot{q}_b &+ \sum_{a=1}^{f}\sum_{i=1}^{3N} m_i \frac{\partial x_i}{\partial q_a}\dot{q}_a\frac{\partial x_i}{\partial t}\\ + \frac{1}{2}\sum_{i=1}^{3N} m_i \left(\frac{\partial x_i}{\partial t}\right)^2 &- U(x_1(q,t), \cdots, x_{3N}(q,t)) \end{aligned} \quad (5.37)$$

と時間を直接含んだ形になる。

例題5.3　支点の位置が変化する振り子

図のように支点が時間により変化する振り子のラグランジアンを求め，運動方程式を求めよ。

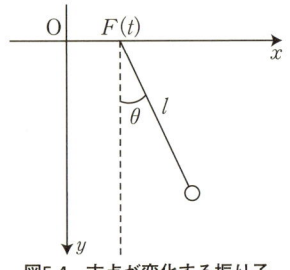

図5.4　支点が変化する振り子

解

質点の位置は

$$y = l \cos \theta$$
$$x = F(t) + l \sin \theta \tag{5.38}$$

となり，その時間微分は

$$\dot{y} = -l \sin \theta \dot{\theta}$$
$$\dot{x} = \dot{F} + l \cos \theta \dot{\theta} \tag{5.39}$$

となる。ラグランジアン

$$L = \frac{m}{2}(\dot{x}^2 + \dot{y}^2) + mgy \tag{5.40}$$

に代入すると

$$L = \frac{m}{2}(l^2 \dot{\theta}^2 + 2\dot{F}l \cos \theta \dot{\theta} + \dot{F}^2) + mgl \cos \theta \tag{5.41}$$

となる。これより運動方程式は

$$\frac{\mathrm{d}}{\mathrm{d}t}\left(\frac{\partial L}{\partial \dot{\theta}}\right) - \frac{\partial L}{\partial \theta} = ml^2 \ddot{\theta} + ml\ddot{F} \cos \theta + mgl \sin \theta = 0 \tag{5.42}$$

と求められる。F と θ が微小量となる微小振動では，この運動方程式は

$$\ddot{\theta} = -\frac{g}{l}\theta - \frac{1}{l}\ddot{F} \tag{5.43}$$

に帰着する。これは強制振動の運動方程式である。■

このように束縛条件のある力学系は束縛条件を解くことによって，より

自由度の少ない力学系の問題に帰着させて問題を解くことができる。束縛条件のある力学系で重要なものは剛体の問題であるが，これについて議論するためには，慣性系に対して回転している系におけるラグランジアンによる記述が有用である。次章以降では加速度系におけるラグランジュの運動方程式からはじめ，剛体の運動について議論する。

章末問題

5.1 水平な直線上を滑らかに運動する質点 m_1，質点 m_2 を，長さ l のひもで結ぶ。m_1，m_2 の運動は鉛直面内で起こるものとする。
(1) ラグランジアンを構成せよ。
(2) 微小振動の場合，運動方程式を解け。

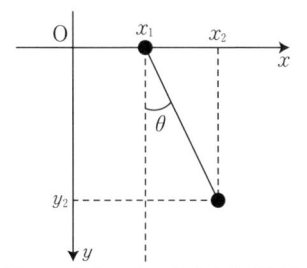

図5.5 質点m_1とm_2からなる振り子

5.2 頂点が鉛直下向きになるように円錐（頂角を α とする）を置き，その内側を滑らかに運動する質点の運動を考える。
(1) 極座標におけるラグランジアンを求め，運動方程式を書け。
(2) 動径方向の有効ポテンシャルを求めよ。
(3) 動径座標が一定になるような解を求め，そのまわりでの微小振動について議論せよ。

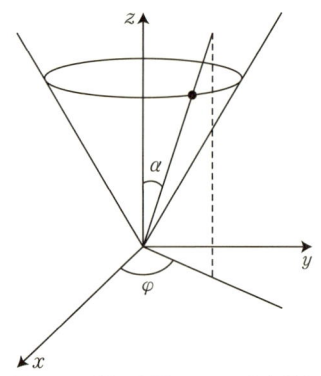

図5.6 円錐の内側に沿って動く質点

5.3 水平方向を x 軸,鉛直上向きを y 軸にとり,関数 $y = f(x)$ の形に針金を張る。針金に沿って摩擦なしに動く質量 m の小さい円環の,重力のもとでの運動を考える。
(1) ラグランジアンを x 座標を用いて表せ。
(2) 運動方程式を書け。
(3) ある基準点からの曲線に沿った距離 s を用いて,ラグランジアンを表せ。

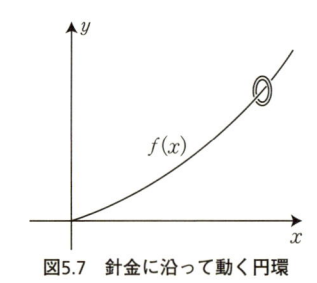

図5.7 針金に沿って動く円環

第6章

これまでは質点系の運動を記述する座標系として慣性系を仮定していた。この章では非慣性系，とくに回転座標系における運動方程式について議論する。

加速度系における運動方程式

6.1　原点が加速度運動する系における運動

　加速しているエレベーター内の観測者は非慣性系であり，地球上の観測者は回転座標系と呼ばれる非慣性系である。さらに剛体の運動等，回転している物体の記述には回転座標系を用いると便利なものとなる。まずエレベーター内のような，慣性系に対して原点が加速度運動している系における運動から考察することにする。

　空間に原点 O を中心とする直交座標系 O-xyz をとり，これは慣性系であるとする。この慣性系に対して並進運動する別の座標系 O′-$x'y'z'$ を考える。つまり x 軸と x' 軸，y 軸と y' 軸，z 軸と z' 軸が平行なまま座標系 O′

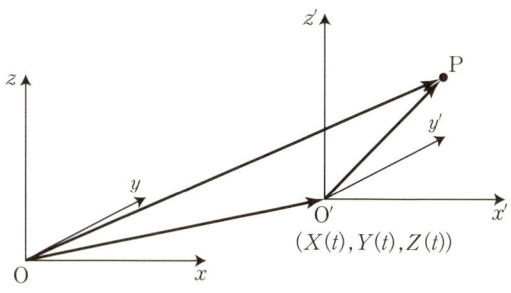

図 6.1　原点 O′ が加速度運動する系

$-x'y'z'$ が O-xyz に対し移動している。時刻 t における原点 O′ の，O-xyz における位置座標を $(X(t), Y(t), Z(t))$ とする。質点 P の座標系 O-xyz における位置座標を (x, y, z)，O′-$x'y'z'$ における位置座標を (x', y', z') とすると

$$\begin{aligned} x' &= x - X(t) \\ y' &= y - Y(t) \\ z' &= z - Z(t) \end{aligned} \tag{6.1}$$

という関係がある。この時間微分をとると，速度の関係式

$$\begin{aligned} \dot{x}' &= \dot{x} - \dot{X}(t) \\ \dot{y}' &= \dot{y} - \dot{Y}(t) \\ \dot{z}' &= \dot{z} - \dot{Z}(t) \end{aligned} \tag{6.2}$$

を得る。O-xyz 系におけるラグランジアンを

$$L = \frac{m}{2}(\dot{x}^2 + \dot{y}^2 + \dot{z}^2) - U(x, y, z) \tag{6.3}$$

とすると，O′-$x'y'z'$ 系におけるラグランジアンは

$$\begin{aligned} L &= \frac{m}{2}\left((\dot{x}' + \dot{X}(t))^2 + (\dot{y}' + \dot{Y}(t))^2 + (\dot{z}' + \dot{Z}(t))^2\right) \\ &\quad - U(x' + X(t), y' + Y(t), z' + Z(t)) \end{aligned} \tag{6.4}$$

となる。したがって，加速度系 O′-$x'y'z'$ におけるラグランジュの運動方程式は

$$\begin{aligned} \frac{\mathrm{d}}{\mathrm{d}t}\left(\frac{\partial L}{\partial \dot{x}'}\right) - \frac{\partial L}{\partial x'} &= m(\ddot{x}' + \ddot{X}) + \frac{\partial U}{\partial x'} = 0 \\ \frac{\mathrm{d}}{\mathrm{d}t}\left(\frac{\partial L}{\partial \dot{y}'}\right) - \frac{\partial L}{\partial y'} &= m(\ddot{y}' + \ddot{Y}) + \frac{\partial U}{\partial y'} = 0 \\ \frac{\mathrm{d}}{\mathrm{d}t}\left(\frac{\partial L}{\partial \dot{z}'}\right) - \frac{\partial L}{\partial z'} &= m(\ddot{z}' + \ddot{Z}) + \frac{\partial U}{\partial z'} = 0 \end{aligned} \tag{6.5}$$

となる。さらにニュートンの運動方程式の形に書くと

$$\begin{aligned} m\ddot{x}' &= -\frac{\partial U}{\partial x'} - m\ddot{X} \\ m\ddot{y}' &= -\frac{\partial U}{\partial y'} - m\ddot{Y} \\ m\ddot{z}' &= -\frac{\partial U}{\partial z'} - m\ddot{Z} \end{aligned} \tag{6.6}$$

となる。

O′-$x'y'z'$ 系が O-xyz 系に対し等速度運動している場合,つまり O′-$x'y'z'$ 系も慣性系の場合は,O′ の速度 $\dot{X}, \dot{Y}, \dot{Z}$ が一定となるため $\ddot{X} = \ddot{Y} = \ddot{Z} = 0$ となり,運動方程式の形は変わらない。しかし O′ が加速度運動しているとすると,O′-$x'y'z'$ 系では力 $(-m\ddot{X}, -m\ddot{Y}, -m\ddot{Z})$ が余分に働いているように見えることになる。この見かけ上の力は**慣性力**と呼ばれる。ここでは,互いに並進運動している座標系における運動方程式の関係について議論してきたが,回転運動している座標系に関しても同様な慣性力が生じる。その議論のため,準備としてまず座標系の回転について説明をする。

6.2　座標系の回転

空間に原点 O とする直交座標系 O-xyz を考える。座標軸 x, y, z は固定し,原点 O を共通に持つ別の座標系 O-$x'y'z'$ を考える。角運動量の保存則 (4.4 節) の例では,座標系を固定し点を移動させた。ここでは座標系自体を回転させる。

図 6.2　z 軸のまわりの回転

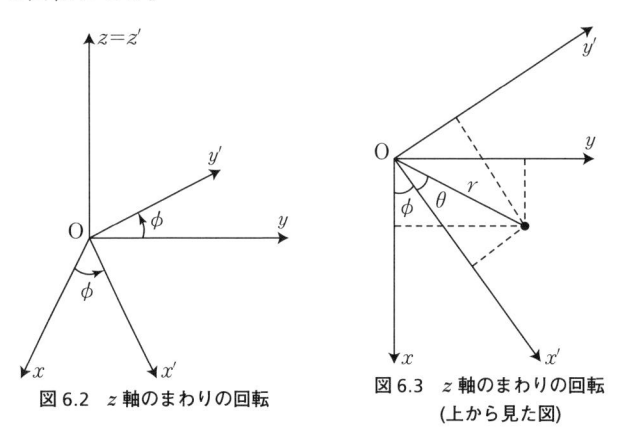

図 6.3　z 軸のまわりの回転
(上から見た図)

z 軸のまわりの回転

座標系 O-$x'y'z'$ が,座標系 O-xyz を z 軸のまわりに角度 ϕ 回転して得られるとき,空間の 1 点 P の O-xyz 系における座標を (x, y, z),O-$x'y'z'$ 系における座標を (x', y', z') とする。z 軸と z' 軸は同じなので z

$= z'$ である。x, y 座標について，上から見た図 6.3 で考えると，OP の長さを r, OP と x' 軸のなす角を θ として

$$x' = r\cos\theta, \quad y' = r\sin\theta \tag{6.7}$$

および

$$x = r\cos(\theta + \phi), \quad y = r\sin(\theta + \phi) \tag{6.8}$$

が成り立つ。(6.8) を展開すると，(x, y, z) と (x', y', z') が

$$\begin{aligned} x' &= x\cos\phi + y\sin\phi \\ y' &= -x\sin\phi + y\cos\phi \\ z' &= z \end{aligned} \tag{6.9}$$

で結びついていることがわかる。行列で表すと

$$\begin{pmatrix} x' \\ y' \\ z' \end{pmatrix} = \begin{pmatrix} \cos\phi & \sin\phi & 0 \\ -\sin\phi & \cos\phi & 0 \\ 0 & 0 & 1 \end{pmatrix} \begin{pmatrix} x \\ y \\ z \end{pmatrix} \tag{6.10}$$

となる。

この変換行列を $R_z(\phi)$ と書く。

$$R_z(\phi) = \begin{pmatrix} \cos\phi & \sin\phi & 0 \\ -\sin\phi & \cos\phi & 0 \\ 0 & 0 & 1 \end{pmatrix} \tag{6.11}$$

すると，$R_z(\phi)$ は

$$R_z(\phi)^{-1} = R_z(\phi)^{\mathrm{T}} \tag{6.12}$$

を満たす。つまり $R_z(\phi)$ は 3 次の直交行列[1]である。

z 軸のまわりに角度 ϕ_1 の回転をした後に，さらに角度 ϕ_2 の回転をすることは，一気に角度 $\phi_1 + \phi_2$ の回転をすることと同じである。これを式で表すと

$$R_z(\phi_2) R_z(\phi_1) = R_z(\phi_1 + \phi_2) \tag{6.13}$$

と書ける。z 軸のまわりに角度 ϕ の回転をした後に，角度 $-\phi$ の回転をすると，座標軸はもとの O-xyz と一致する。これを式で表すと

$$R_z(-\phi) = R_z(\phi)^{-1} \tag{6.14}$$

である。

---

[1] n 次の直交行列とは，$n \times n$ 実行列 R で $R^{\mathrm{T}} R = R R^{\mathrm{T}} = 1$ を満たすものをいう。ここで R^{T} は行列 R の転置行列を表す。

同様に x 軸のまわりの回転行列，y 軸のまわりの回転行列は

$$R_x(\phi) = \begin{pmatrix} 1 & 0 & 0 \\ 0 & \cos\phi & \sin\phi \\ 0 & -\sin\phi & \cos\phi \end{pmatrix}, \ R_y(\phi) = \begin{pmatrix} \cos\phi & 0 & -\sin\phi \\ 0 & 1 & 0 \\ \sin\phi & 0 & \cos\phi \end{pmatrix} \tag{6.15}$$

と表される。一般に x 軸のまわりに角度 ϕ_1 回転してから y 軸のまわりに角度 ϕ_2 回転した結果と，y 軸のまわりに角度 ϕ_2 回転してから x 軸のまわりに角度 ϕ_1 回転した結果とは異なる。つまり

$$R_y(\phi_2)R_x(\phi_1) \neq R_x(\phi_1)R_y(\phi_2) \tag{6.16}$$

となる。

基底ベクトルの変換公式

座標軸の回転により座標系 O-xyz の正規直交基底ベクトル ($\boldsymbol{e}_1, \boldsymbol{e}_2, \boldsymbol{e}_3$) は座標系 O-$x'y'z'$ の正規直交基底ベクトル ($\boldsymbol{e}_1', \boldsymbol{e}_2', \boldsymbol{e}_3'$) に移される。点 P の位置ベクトル $\boldsymbol{r}$ を 2 つの座標系で表現すると

$$\begin{aligned} \boldsymbol{r} &= x_1\boldsymbol{e}_1 + x_2\boldsymbol{e}_2 + x_3\boldsymbol{e}_3 \\ &= x_1'\boldsymbol{e}_1' + x_2'\boldsymbol{e}_2' + x_3'\boldsymbol{e}_3' \end{aligned} \tag{6.17}$$

ただし $(x, y, z) = (x_1, x_2, x_3)$, $(x', y', z') = (x_1', x_2', x_3')$ と置いた。この式を行列の掛け算の形

$$\boldsymbol{r} = (\boldsymbol{e}_1, \boldsymbol{e}_2, \boldsymbol{e}_3)\begin{pmatrix} x_1 \\ x_2 \\ x_3 \end{pmatrix} = (\boldsymbol{e}_1', \boldsymbol{e}_2', \boldsymbol{e}_3')\begin{pmatrix} x_1' \\ x_2' \\ x_3' \end{pmatrix} \tag{6.18}$$

で表す。右辺を (6.10) を用いて書くと

$$(\boldsymbol{e}_1', \boldsymbol{e}_2', \boldsymbol{e}_3')\begin{pmatrix} x_1' \\ x_2' \\ x_3' \end{pmatrix} = (\boldsymbol{e}_1', \boldsymbol{e}_2', \boldsymbol{e}_3')R_z(\phi)\begin{pmatrix} x_1 \\ x_2 \\ x_3 \end{pmatrix} \tag{6.19}$$

となる。したがって，x_1, x_2, x_3 の係数を比較して

$$(\boldsymbol{e}_1, \boldsymbol{e}_2, \boldsymbol{e}_3) = (\boldsymbol{e}_1', \boldsymbol{e}_2', \boldsymbol{e}_3')R_z(\phi) \tag{6.20}$$

を得る。行列 $R_z(\phi)$ の逆行列は $R_z(-\phi)$ であったので，これを両辺に掛けると

$$(\boldsymbol{e}_1', \boldsymbol{e}_2', \boldsymbol{e}_3') = (\boldsymbol{e}_1, \boldsymbol{e}_2, \boldsymbol{e}_3)R_z(-\phi) \tag{6.21}$$

さらに行列を成分で書くと

$$(\bm{e}_1', \bm{e}_2', \bm{e}_3') = (\bm{e}_1, \bm{e}_2, \bm{e}_3) \begin{pmatrix} \cos\phi & -\sin\phi & 0 \\ \sin\phi & \cos\phi & 0 \\ 0 & 0 & 1 \end{pmatrix} \quad (6.22)$$

より，基底ベクトル $\bm{e}_i'$ は

$$\begin{aligned} \bm{e}_1' &= \bm{e}_1 \cos\phi + \bm{e}_2 \sin\phi \\ \bm{e}_2' &= -\bm{e}_1 \sin\phi + \bm{e}_2 \cos\phi \\ \bm{e}_3' &= \bm{e}_3 \end{aligned} \quad (6.23)$$

と表すことができる。

6.3　回転系における速度ベクトル

　静止している座標系 O-xyz に対し，原点を同じ O とする座標系 O-$x'y'z'$ が z 軸のまわりを回転しているとする。x 軸と x' 軸のなす角を ϕ とする。質点の運動を座標系 O-xyz で見た場合，その位置ベクトル $\bm{r}$，速度ベクトル $\bm{v}$ はそれぞれ

$$\begin{aligned} \bm{r} &= x_1 \bm{e}_1 + x_2 \bm{e}_2 + x_3 \bm{e}_3 \\ \bm{v} &= \dot{\bm{r}} = \dot{x}_1 \bm{e}_1 + \dot{x}_2 \bm{e}_2 + \dot{x}_3 \bm{e}_3 \end{aligned} \quad (6.24)$$

となる。一方，座標系 O-$x'y'z'$ で見た場合，その基底ベクトル $\bm{e}_i'$ は固定されているので，位置ベクトル $\bm{r}'$ と速度ベクトル $\bm{v}'$ の関係は

$$\begin{aligned} \bm{r}' &= x_1' \bm{e}_1' + x_2' \bm{e}_2' + x_3' \bm{e}_3' \\ \bm{v}' &= \dot{x}_1' \bm{e}_1' + \dot{x}_2' \bm{e}_2' + \dot{x}_3' \bm{e}_3' \end{aligned} \quad (6.25)$$

となる。位置ベクトルについては (6.17) より，$\bm{r}$ と $\bm{r}'$ は同じ位置を示しているので $\bm{r} = \bm{r}'$ である。しかし速度ベクトルについては，基底 $\bm{e}_1'$, $\bm{e}_2'$ が時間とともに移動するので $\bm{v} \neq \bm{v}'$ となる。実際，$\bm{r}$ を O-$x'y'z'$ 系で表したものを時間微分すると

$$= \frac{d\bm{r}}{dt} = \sum_{i=1}^{3} \dot{x}_i' \bm{e}_i' + \sum_{i=1}^{3} x_i' \dot{\bm{e}}_i' \quad (6.26)$$

となる。ここで (6.21) を用いると

$$(\dot{\bm{e}}_1', \dot{\bm{e}}_2', \dot{\bm{e}}_3') = (\bm{e}_1, \bm{e}_2, \bm{e}_3) \frac{d}{dt} R_z(-\phi)$$

$$= (\bm{e}_1', \bm{e}_2', \bm{e}_3') R_z(\phi) \frac{\mathrm{d}}{\mathrm{d}t} R_z(-\phi) \tag{6.27}$$

となり，行列 $R_z(\phi) \dfrac{\mathrm{d}}{\mathrm{d}t} R_z(-\phi)$ を求めれば，基底ベクトル $\bm{e}_i'$ の時間微分がわかる．行列の微分は，各要素を微分すればよく，

$$R_z(\phi) \frac{\mathrm{d}}{\mathrm{d}t} R_z(-\phi) = \begin{pmatrix} \cos\phi & \sin\phi & 0 \\ -\sin\phi & \cos\phi & 0 \\ 0 & 0 & 1 \end{pmatrix} \begin{pmatrix} -\sin\phi & -\cos\phi & 0 \\ \cos\phi & -\sin\phi & 0 \\ 0 & 0 & 0 \end{pmatrix} \dot{\phi}$$

$$= \dot{\phi} \begin{pmatrix} 0 & -1 & 0 \\ 1 & 0 & 0 \\ 0 & 0 & 0 \end{pmatrix} \tag{6.28}$$

と計算される．これを (6.27) に代入すれば

$$(\dot{\bm{e}}_1', \dot{\bm{e}}_2', \dot{\bm{e}}_3') = (\bm{e}_1', \bm{e}_2', \bm{e}_3') \dot{\phi} \begin{pmatrix} 0 & -1 & 0 \\ 1 & 0 & 0 \\ 0 & 0 & 0 \end{pmatrix} \tag{6.29}$$

を得る．ばらして書けば

$$\begin{aligned} \dot{\bm{e}}_1' &= \dot{\phi} \bm{e}_2' \\ \dot{\bm{e}}_2' &= -\dot{\phi} \bm{e}_1' \\ \dot{\bm{e}}_3' &= 0 \end{aligned} \tag{6.30}$$

と表される．

この式を別な形で表現しよう．基底ベクトル $\bm{e}_1'$, $\bm{e}_2'$, $\bm{e}_3'$ は右手系[2]の正規直交基底であるので，ベクトルの外積×について

$$\bm{e}_i' \times \bm{e}_j' = \sum_{k=1}^{3} \varepsilon_{ijk} \bm{e}_k' \tag{6.31}$$

という性質を持つ．ここで ϵ_{ijk} は ijk の置換について完全反対称で $\epsilon_{123} = 1$ であり，**完全反対称テンソル**と呼ばれる．とくに

$$\bm{e}_3' \times \bm{e}_1' = \bm{e}_2', \ \bm{e}_3' \times \bm{e}_2' = -\bm{e}_1', \ \bm{e}_3' \times \bm{e}_3' = 0 \tag{6.32}$$

となるので，(6.30) はまとめて

$$\dot{\bm{e}}_i' = \dot{\phi} \bm{e}_3' \times \bm{e}_i' \tag{6.33}$$

と書かれる．

---

[2] $\bm{e}_1'$ を $\bm{e}_2'$ の方向に回転させる場合，右ねじの進む方向が $\bm{e}_3'$ と一致するとき，基底 $\bm{e}_1'$, $\bm{e}_2'$, $\bm{e}_3'$ とする座標系は右手系と呼ばれる．

第 6 章　加速度系における運動方程式

ここで，座標系の回転を特徴づける角速度ベクトルを導入しよう。**角速度ベクトル Ω** はその方向が回転軸と一致し，その大きさがその軸のまわりの角速度と一致するようなベクトルである。その向きは回転方向に右ねじが進む向きを正方向とする。すると z' 軸のまわりの角速度ベクトル Ω は

$$\Omega = \dot{\phi} e_3' \tag{6.34}$$

で表される。これと (6.33) を比較すると

$$\dot{e}_i' = \Omega \times e_i' \tag{6.35}$$

となる。さらにこれを (6.26) の右辺第 2 項に代入すると

$$\frac{d}{dt} r = \sum_{i=1}^{3} \dot{x}_i' e_i' + \Omega \times \sum_{i=1}^{3} x_i' e_i' \tag{6.36}$$

を得る。したがって，静止系と回転系の速度 v と v' が

$$v = v' + \Omega \times r' \tag{6.37}$$

という関係にあることがわかる。

一般の回転系

一般の座標軸の回転に対し，回転後の座標 (x_1', x_2', x_3') の正規直交基底 (e_1', e_2', e_3') は 3×3 行列 R により

$$\begin{pmatrix} x_1' \\ x_2' \\ x_3' \end{pmatrix} = R \begin{pmatrix} x_1 \\ x_2 \\ x_3 \end{pmatrix} \tag{6.38}$$

$$(e_1', e_2', e_3') = (e_1, e_2, e_3) R^{-1} \tag{6.39}$$

で結び付けられる。基底の変換は R^{-1} の行列成分を用いて書くと

$$e_i' = \sum_{j=1}^{3} e_j (R^{-1})_{ji} \tag{6.40}$$

となる。基底 (e_1', e_2', e_3') の正規直交条件は

$$e_i' \cdot e_j' = \delta_{ij} \tag{6.41}$$

と書かれる。(6.40) を (6.41) に代入すると，R^{-1} は

$$\delta_{ij} = \sum_{k=1}^{3} (R^{-1})_{ki} (R^{-1})_{kj} \tag{6.42}$$

を満たす。行列で書くと

$$(R^{-1})^{\mathrm{T}} R^{-1} = I \tag{6.43}$$

となる。ここで I は 3×3 単位行列である。これは R^{-1} が直交行列であることを意味する。

基底ベクトル $(\bm{e}_1{}', \bm{e}_2{}', \bm{e}_3{}')$ の時間微分は

$$(\dot{\bm{e}}_1{}', \dot{\bm{e}}_2{}', \dot{\bm{e}}_3{}') = (\bm{e}_1{}', \bm{e}_2{}', \bm{e}_3{}') R \frac{\mathrm{d}}{\mathrm{d}t} R^{-1} \tag{6.44}$$

となる。ここで $I = RR^{-1}$ を時間微分することにより

$$R \frac{\mathrm{d}}{\mathrm{d}t} R^{-1} = -\frac{\mathrm{d}R}{\mathrm{d}t} R^{-1} \tag{6.45}$$

となることと，R が直交行列であることにより，$R \frac{\mathrm{d}}{\mathrm{d}t} R^{-1}$ が反対称行列であることがわかる。実際これは

$$\left(R \frac{\mathrm{d}}{\mathrm{d}t} R^{-1}\right)^{\mathrm{T}} = -\left(\frac{\mathrm{d}R}{\mathrm{d}t} R^{-1}\right)^{\mathrm{T}}$$
$$= -(R^{-1})^{\mathrm{T}} \frac{\mathrm{d}}{\mathrm{d}t} R^{\mathrm{T}}$$
$$= -R \frac{\mathrm{d}}{\mathrm{d}t} R^{-1} \tag{6.46}$$

となることにより確かめられる。そこで，この反対称行列 $R \frac{\mathrm{d}}{\mathrm{d}t} R^{-1}$ を

$$R \frac{\mathrm{d}}{\mathrm{d}t} R^{-1} = \begin{pmatrix} 0 & -\omega_3 & \omega_2 \\ \omega_3 & 0 & -\omega_1 \\ -\omega_2 & \omega_1 & 0 \end{pmatrix} \tag{6.47}$$

とおくと，(6.44) は

$$\begin{aligned} \dot{\bm{e}}_1{}' &= \omega_3 \bm{e}_2{}' - \omega_2 \bm{e}_3{}' \\ \dot{\bm{e}}_2{}' &= \omega_1 \bm{e}_3{}' - \omega_3 \bm{e}_1{}' \\ \dot{\bm{e}}_3{}' &= \omega_2 \bm{e}_1{}' - \omega_1 \bm{e}_2{}' \end{aligned} \tag{6.48}$$

と書き下せる。この式は角速度ベクトル

$$\bm{\Omega} = \omega_1 \bm{e}_1{}' + \omega_2 \bm{e}_2{}' + \omega_3 \bm{e}_3{}' \tag{6.49}$$

を使って

$$\dot{\bm{e}}_i{}' = \bm{\Omega} \times \bm{e}_i{}' \tag{6.50}$$

と表される。これを使って，一般の角速度ベクトルに対しても (6.37) を用いることができる。

6.4 回転座標系における運動方程式

z 軸のまわりに一定の角速度 ω で回転している座標系 O-$x'y'z'$ における質点の運動方程式を求める。$t = 0$ で xyz 軸と $x'y'z'$ 軸が一致しているとすると，$\phi = \omega t$ とおくことができる。座標間の関係は

$$
\begin{aligned}
x &= x'\cos \omega t - y'\sin \omega t \\
y &= x'\sin \omega t + y'\cos \omega t \\
z &= z'
\end{aligned}
\tag{6.51}
$$

で与えられ，その時間微分は

$$
\begin{aligned}
\dot{x} &= \dot{x}' \cos \omega t - \dot{y}' \sin \omega t - \omega(x' \sin \omega t + y' \cos \omega t) \\
\dot{y} &= \dot{y}' \sin \omega t + \dot{y}' \cos \omega t + \omega(x' \cos \omega t - y' \sin \omega t) \\
\dot{z} &= \dot{z}'
\end{aligned}
\tag{6.52}
$$

となる。ラグランジアン (6.3) は

$$
L = \frac{m}{2}(\dot{x}'^2 + \dot{y}'^2 + \dot{z}'^2) + \frac{m}{2}\omega^2((x')^2 + (y')^2) + m\omega(x'\dot{y}' - \dot{x}'y')
$$
$$
- U(x'\cos \omega t - y'\sin \omega t, x'\sin \omega t + y'\cos \omega t, z') \tag{6.53}
$$

となる。ラグランジュの運動方程式を求めると

$$
\frac{d}{dt}\left(\frac{\partial L}{\partial \dot{x}'}\right) - \frac{\partial L}{\partial x'} = \frac{d}{dt}(m\dot{x}' - m\omega y') + \frac{\partial U}{\partial x'} - m\omega\dot{y}' - m\omega^2 x' = 0
$$
$$
\frac{d}{dt}\left(\frac{\partial L}{\partial \dot{y}'}\right) - \frac{\partial L}{\partial y'} = \frac{d}{dt}(m\dot{y}' + m\omega x') + \frac{\partial U}{\partial y'} + m\omega\dot{x}' - m\omega^2 y' = 0
$$
$$
\frac{d}{dt}\left(\frac{\partial L}{\partial \dot{z}'}\right) - \frac{\partial L}{\partial z'} = \frac{d}{dt}m\dot{z}' + \frac{\partial U}{\partial z'} = 0 \tag{6.54}
$$

となり，これは

$$
\begin{aligned}
m\ddot{x}' &= -\frac{\partial U}{\partial x'} + 2m\omega\dot{y}' + m\omega^2 x' \\
m\ddot{y}' &= -\frac{\partial U}{\partial y'} - 2m\omega\dot{x}' + m\omega^2 y' \\
m\ddot{z}' &= -\frac{\partial U}{\partial z'}
\end{aligned}
\tag{6.55}
$$

とまとめられる。この運動方程式の右辺第 1 項はポテンシャルからくる保存力である。右辺第 2 項は**コリオリ力**と呼ばれ，角速度ベクトル Ω を用いて

$$2m\begin{pmatrix}\omega\dot{y}'\\-\omega\dot{x}'\\0\end{pmatrix}=-2m\boldsymbol{\Omega}\times\dot{\boldsymbol{r}}',\quad\boldsymbol{\Omega}=\begin{pmatrix}0\\0\\\omega\end{pmatrix}\qquad(6.56)$$

と書かれる。(6.55) の右辺第 3 項は z 軸に垂直に外に向かう見かけ上の力, 遠心力である。

一般の回転系におけるラグランジアン

一般の角速度ベクトル
$$\boldsymbol{\Omega}=\omega_1\boldsymbol{e}_1'+\omega_2\boldsymbol{e}_2'+\omega_3\boldsymbol{e}_3'\qquad(6.57)$$
に対応する回転座標系における運動方程式を求めよう。位置ベクトル, 速度ベクトルの関係式は
$$\boldsymbol{r}=\boldsymbol{r}',\ \boldsymbol{v}=\boldsymbol{v}'+\boldsymbol{\Omega}\times\boldsymbol{r}'\qquad(6.58)$$
と表されるので, 静止系におけるラグランジアン
$$L=\frac{m}{2}\boldsymbol{v}^2-U(\boldsymbol{r})\qquad(6.59)$$
は, 回転系では
$$L=\frac{m}{2}\left(\boldsymbol{v}'+\boldsymbol{\Omega}\times\boldsymbol{r}'\right)^2-U(\boldsymbol{r}')\qquad(6.60)$$
と書き表される。これを展開すると
$$L=\frac{m}{2}(\boldsymbol{v}')^2+m\boldsymbol{v}'(\boldsymbol{\Omega}\times\boldsymbol{r}')+\frac{m}{2}(\boldsymbol{\Omega}\times\boldsymbol{r}')^2-U(\boldsymbol{r}')\qquad(6.61)$$
となる。したがって回転系におけるラグランジュの運動方程式は
$$\frac{\mathrm{d}'}{\mathrm{d}t}\left(\frac{\partial L}{\partial\boldsymbol{v}'}\right)-\frac{\partial L}{\partial\boldsymbol{r}'}=\frac{\mathrm{d}'}{\mathrm{d}t}\left(m\boldsymbol{v}'+m\boldsymbol{\Omega}\times\boldsymbol{r}'\right)-m(\boldsymbol{v}'\times\boldsymbol{\Omega})$$
$$-m(\boldsymbol{\Omega}\times\boldsymbol{r}')\times\boldsymbol{\Omega}+\frac{\partial U}{\partial\boldsymbol{r}'}=0\qquad(6.62)$$
となる。ただし (6.25) のように, 回転系での時間微分は基底ベクトル $\boldsymbol{e}_i'$ を固定して各成分の微分をとるので, 静止系の場合と区別するために, $\dfrac{\mathrm{d}'}{\mathrm{d}t}$ という記号を使った。

式 (6.62) をまとめると

$$m\frac{{\rm d}'\boldsymbol{v}'}{{\rm d}t} = -\frac{\partial U}{\partial \boldsymbol{r}'} + 2m(\boldsymbol{v}' \times \boldsymbol{\Omega}) + m\boldsymbol{\Omega} \times (\boldsymbol{r}' \times \boldsymbol{\Omega}) + m\boldsymbol{r}' \times \frac{{\rm d}'\boldsymbol{\Omega}}{{\rm d}t} \tag{6.63}$$

となる。第 2 項はコリオリ力，第 3 項は遠心力を表す。最後の項は角速度ベクトルの時間的変化に基づく力である。

地球面上の運動に対する回転の効果

例として，地球を回転軸のまわりに一定の角速度 ω で回転する球とみなし，その地表面付近での質点の運動について考察しよう。地表面の 1 点 O′ を原点にとり，鉛直上方を z' 軸，x', y' 軸を図のようにとる。点 O′ の緯度を β とする。

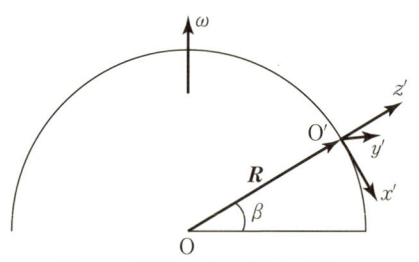

図 6.4 地球上に固定された座標系

(6.63) の場合とは異なり，静止系の原点 O と回転系の原点 O′ は一致していない。O′ の O からの位置ベクトルを $\boldsymbol{R}$ とすると

$$\boldsymbol{r} = \boldsymbol{r}' + \boldsymbol{R}$$
$$\boldsymbol{v} = \dot{\boldsymbol{R}} + \boldsymbol{v}' + \boldsymbol{\Omega} \times \boldsymbol{r}' \tag{6.64}$$

座標原点 O′ は，静止系である地球の中心 O に対して回転運動をしているので

$$\dot{\boldsymbol{R}} = \boldsymbol{\Omega} \times \boldsymbol{R} \tag{6.65}$$

で与えられる。運動方程式 (6.63) は (6.6) により

$$m\frac{{\rm d}'\boldsymbol{v}'}{{\rm d}t} = -\frac{\partial U}{\partial \boldsymbol{r}'} + 2m(\boldsymbol{v}' \times \boldsymbol{\Omega}) + m\boldsymbol{\Omega} \times (\boldsymbol{r}' \times \boldsymbol{\Omega}) - m\ddot{\boldsymbol{R}} \tag{6.66}$$

となる。$\ddot{\boldsymbol{R}}$ は (6.65) より

$$\ddot{\boldsymbol{R}} = \boldsymbol{\Omega} \times \dot{\boldsymbol{R}} = \boldsymbol{\Omega} \times (\boldsymbol{\Omega} \times \boldsymbol{R}) \tag{6.67}$$

で与えられる。

実際の状況では ω は小さく，ω の 1 次であるコリオリ力の効果のみをとり入れた運動方程式

$$m\frac{\mathrm{d}'\boldsymbol{v}'}{\mathrm{d}t} = -\frac{\partial U}{\partial \boldsymbol{r}'} + 2m(\boldsymbol{v}' \times \boldsymbol{\Omega}) \tag{6.68}$$

を考えてよい。角速度ベクトルは

$$\boldsymbol{\Omega} = \begin{pmatrix} -\omega\cos\beta \\ 0 \\ \omega\sin\beta \end{pmatrix} \tag{6.69}$$

となるので，運動方程式を成分で表すと

$$\begin{aligned} m\ddot{x}' &= -\frac{\partial U}{\partial x'} + 2m\omega\dot{y}'\sin\beta \\ m\ddot{y}' &= -\frac{\partial U}{\partial y'} - 2m\omega(\dot{z}'\cos\beta + \dot{x}'\sin\beta) \\ m\ddot{z}' &= -\frac{\partial U}{\partial z'} + 2m\omega\dot{y}'\cos\beta \end{aligned} \tag{6.70}$$

となる。

例題6.1 **自由落下するときのコリオリ力**

地表面から高さ h の位置から質点を自由落下させるときの，コリオリ力の効果を調べよ。

解 ポテンシャルを $U = mgz'$ とおくと，運動方程式 (6.70) は

$$\begin{aligned} m\ddot{x}' &= 2m\omega\dot{y}'\sin\beta \\ m\ddot{y}' &= -2m\omega(\dot{z}'\cos\beta + \dot{x}'\sin\beta) \\ m\ddot{z}' &= -mg + 2m\omega\dot{y}'\cos\beta \end{aligned} \tag{6.71}$$

となる。初期条件は $t = 0$ で $x' = y' = 0$, $z' = h$ および $\dot{x}' = \dot{y}' = \dot{z}' = 0$ である。この解を ω が小さいとして展開し，ω について 1 次のオーダーまでのずれを考慮に入れたものを求める。$x' = x'^{(0)} + \omega x'^{(1)} + \cdots$ などと展開して (6.71) に代入すると，ω についてゼロ次のオーダーの式は

$$\begin{aligned} m\ddot{x}'^{(0)} &= 0 \\ m\ddot{y}'^{(0)} &= 0 \\ m\ddot{z}'^{(0)} &= -mg \end{aligned} \tag{6.72}$$

なので，解は

$$x'^{(0)} = 0, \ y'^{(0)} = 0, \ z'^{(0)} = h - \frac{1}{2}gt^2 \tag{6.73}$$

となる。ω について 1 次のオーダーの式は
$$\begin{aligned}
m\omega\ddot{x}'^{(1)} &= 2m\omega\dot{y}'^{(0)}\sin\beta \\
m\omega\ddot{y}'^{(1)} &= -2m\omega(\dot{z}'^{(0)}\cos\beta + \dot{x}'^{(0)}\sin\beta) \\
m\omega\ddot{z}'^{(1)} &= 2m\omega\dot{y}'^{(0)}\cos\beta
\end{aligned} \qquad (6.74)$$

となる。ゼロ次のオーダーの解は求められているので，(6.73) を (6.74) に代入すると
$$\begin{aligned}
m\omega\ddot{x}'^{(1)} &= 0 \\
m\omega\ddot{y}'^{(1)} &= 2m\omega gt\cos\beta \\
m\omega\ddot{z}'^{(1)} &= 0
\end{aligned} \qquad (6.75)$$

これを解けば
$$x'^{(1)} = 0, \ y'^{(1)} = g\cos\beta\frac{t^3}{3}, \ z'^{(1)} = 0 \qquad (6.76)$$

となる。　■

例題6.2　**球面振り子**

地球面上での球面振り子のラグランジアンを求め，その微小振動解を調べよ。

解　例題 6.1 と同じように振り子の支点を中心 O とする座標系を考え，鉛直上向きに z' 軸，南方に x' 軸をとる。振り子のラグランジアンは，(6.61) を使って ω の 1 次まで計算すると
$$\begin{aligned}
L = &\frac{m}{2}(\dot{x}'^2 + \dot{y}'^2 + \dot{z}'^2) - mgz' \\
&+ m\omega\{\sin\beta(\dot{y}'x' - \dot{x}'y') + \cos\beta(\dot{y}'z' - \dot{z}'y')\}
\end{aligned}$$
となる。振り子の長さを l とすると，(x', y', z') は束縛条件 $x'^2 + y'^2 + z'^2 = l^2$ を満たす。

いま，$z' = -l$ のまわりの微小振動を考え，$z' = -\sqrt{l^2 - x'^2 - y'^2}$ として $x' = y' = 0$ のまわりで展開すると
$$z' = -l(1 - \frac{x'^2 + y'^2}{2l^2} + \cdots)$$
となるので，これをラグランジアンに代入して，x', y' 座標について 2 次の項までを取り入れると（定数項を除き），
$$L = \frac{m}{2}(\dot{x}'^2 + \dot{y}'^2) - \frac{mg}{2l}(x'^2 + y'^2) + m\omega\sin\beta(\dot{y}'x' - \dot{x}'y')$$

となる．したがって運動方程式は

$$\frac{\mathrm{d}}{\mathrm{d}t}\left(\frac{\partial U}{\partial \dot{x}'}\right) - \frac{\partial L}{\partial x'} = m\ddot{x}' - m\omega \sin\beta \dot{y}' + \frac{mg}{l}x' = 0$$

$$\frac{\mathrm{d}}{\mathrm{d}t}\left(\frac{\partial L}{\partial \dot{y}'}\right) - \frac{\partial L}{\partial y'} = m\ddot{y}' + m\omega \sin\beta \dot{x}' + \frac{mg}{l}y' = 0$$

と求められる．

この微分方程式の解を求めるには複素数 $z = x' + iy'$ を導入すると便利である．z は微分方程式

$$\ddot{z} + i\omega \sin\beta \dot{z} + \frac{g}{l}z = 0$$

を満たすことがわかる．この方程式は，2 次方程式 $x^2 + i\omega \sin\beta x + \frac{g}{l} = 0$ の解

$$x = -i\frac{\omega \sin\beta}{2} \pm i\sqrt{\frac{\omega^2 \sin^2\beta}{4} + \frac{g}{l}}$$

を使って

$$z = e^{-i\frac{\omega \sin\beta}{2}t}\left(c_1 e^{i\sqrt{\frac{g}{l}}t} + c_2 e^{-i\sqrt{\frac{g}{l}}t}\right)$$

と解ける．ここで ω^2 項を無視した．c_1, c_2 は定数である．$\omega = 0$ のとき x 方向に振動させておくように c_1, c_2 を決め，$z = A\sin\left(\sqrt{\frac{g}{l}}t + \alpha\right)$ としておく．すると ω がある場合の解は

$$z = e^{-i\frac{\omega \sin\beta}{2}t} A\sin\left(\sqrt{\frac{g}{l}}t + \alpha\right)$$

となり，振り子の振動する面が周期 $T = \dfrac{2\pi}{\omega \sin\beta}$ で回っていく．この振り子は**フーコーの振り子**と呼ばれている． ∎

10分補講 ラーマーの定理

ラグランジアン (6.53) において ω^2 項を無視したものは、z 軸方向の一定の磁場中のラグランジアン (2.47) において

$$eB = 2m\omega \tag{6.77}$$

とおきかえたものに等しいことがわかる。これを**ラーマーの定理**といい、対応する**角速度** ω を**ラーマーの角速度**という。

章末問題

6.1 地球表面上の運動方程式において、ω^2 項の寄与を評価するとどうなるか。

6.2 地表面の高さ h の位置から子午線方向南向きに、質点を初速度 v_0 で水平投射するとき、コリオリ力の効果を調べよ。

第7章

回転座標系の応用として剛体の運動について議論し，その運動方程式を求める。

剛体の運動

7.1 剛体の自由度

剛体は無限個の質点からなる系で，その質点間の距離が常に保たれているものである。つまり剛体中の2点 r_i と r_j をとると，その距離 $|r_i - r_j|$ は一定であるという束縛条件が課されている。N 質点系の自由度は $3N$ であり，N を無限大にとると自由度は無限大になる。しかし束縛条件の数も無限大であり，これを差し引かなくてはいけない。

剛体の各点の位置を指定するには，まず剛体中の1点Oを決める。これは3個の空間座標で決まる。この点Oを通るある軸を考え，その軸上の点を固定してしまうと剛体はもはやその軸のまわりを回転する自由度しか残っていない。軸を指定するには，空間極座標で角度 (θ, φ) を指定すればよく，さらにその軸のまわりの回転角 ψ を決めればよい。したがって，剛体を特徴づける自由度は合計6個になる。

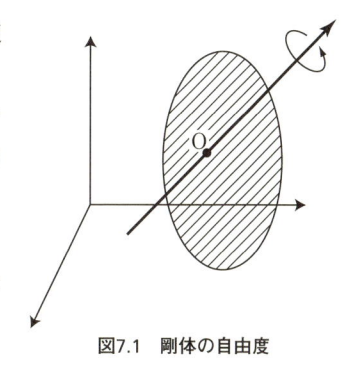

図7.1 剛体の自由度

7.2　剛体の運動エネルギー

剛体を N 質点の集まりと考え，まずその運動エネルギーについて考察し，ラグランジアンを求める。それから N を無限大とする極限をとり，和の式を積分に置き換え，剛体のラグランジアンを決める。

剛体の運動エネルギー

剛体の運動は，剛体に固定された座標系 O-xyz の運動を決めることにより定まる（前章ではこの回転座標系を O'-$x'y'z'$ と書いたが，簡単のためダッシュをとって書き表すことにする）。原点 O を回転軸上にとり，O 自身の運動と回転軸のまわりの運動に分離して考えるとよい。O の位置ベクトルを $\boldsymbol{R}$，回転の角速度ベクトルを $\boldsymbol{\Omega}$，i 番目の質点の位置ベクトルを $\boldsymbol{r}_i$ とすると i 番目の質点の速度ベクトルは

$$\boldsymbol{v}_i = \dot{\boldsymbol{R}} + \boldsymbol{\Omega} \times \boldsymbol{r}_i \tag{7.1}$$

となる。したがって，運動エネルギー T は，各質点について和をとって

$$T = \frac{1}{2} \sum_i m_i \boldsymbol{v}_i^2$$
$$= \frac{1}{2} \sum_i m_i \left(\dot{\boldsymbol{R}}^2 + 2\dot{\boldsymbol{R}} \cdot (\boldsymbol{\Omega} \times \boldsymbol{r}_i) + (\boldsymbol{\Omega} \times \boldsymbol{r}_i)^2 \right) \tag{7.2}$$

と表される。ベクトルの外積の性質[1]

$$\boldsymbol{a} \cdot (\boldsymbol{b} \times \boldsymbol{c}) = \boldsymbol{c} \cdot (\boldsymbol{a} \times \boldsymbol{b}) = \boldsymbol{b} \cdot (\boldsymbol{c} \times \boldsymbol{a}) \tag{7.3}$$

を使うと

$$\dot{\boldsymbol{R}} \cdot (\boldsymbol{\Omega} \times \boldsymbol{r}_i) = \boldsymbol{r}_i \cdot (\dot{\boldsymbol{R}} \times \boldsymbol{\Omega}) \tag{7.4}$$

となる。これより

$$T = \frac{1}{2} M \dot{\boldsymbol{R}}^2 + M \boldsymbol{r}_\mathrm{G} \cdot (\dot{\boldsymbol{R}} \times \boldsymbol{\Omega}) + \frac{1}{2} \sum_i m_i (\boldsymbol{\Omega} \times \boldsymbol{r}_i)^2 \tag{7.5}$$

となる。ここで $M = \sum_i m_i$ は剛体の全質量，$\boldsymbol{r}_\mathrm{G} = \frac{1}{M} \sum_i m_i \boldsymbol{r}_i$ は座標系 O-xyz における重心の位置を表す。第 3 項目は剛体の回転の運動エネルギーを表す。もし $\boldsymbol{R}$ が剛体の重心の位置ベクトルならば $\boldsymbol{r}_\mathrm{G} = 0$ となるので，剛体の運動エネルギーは重心の運動エネルギーと回転エネルギーの和の形

---

[1] 第 2 章の章末問題 2.1(3) を参照。

$$T = \frac{1}{2} M \dot{\boldsymbol{R}}^2 + \frac{1}{2} \sum_i m_i (\boldsymbol{\Omega} \times \boldsymbol{r}_i)^2 \tag{7.6}$$

に書ける。

剛体の回転エネルギー

　重心を通る回転軸のまわりに回転している剛体の運動を考える。角速度ベクトル $\boldsymbol{\Omega}$ で回転している剛体の回転運動エネルギーは

$$T_{\rm rot} = \frac{1}{2} \sum_i m_i (\boldsymbol{\Omega} \times \boldsymbol{r}_i)^2 \tag{7.7}$$

となる。剛体が z 軸のまわりに回転しているとき，その角速度を $\dot{\psi}$ とすると角速度ベクトルは

$$\boldsymbol{\Omega} = \begin{pmatrix} 0 \\ 0 \\ \dot{\psi} \end{pmatrix} \tag{7.8}$$

となる。位置ベクトルも，$\boldsymbol{r}_i = \begin{pmatrix} x_i \\ y_i \\ z_i \end{pmatrix}$ と成分で表すと

$$\boldsymbol{\Omega} \times \boldsymbol{r}_i = \begin{pmatrix} -\dot{\psi} y_i \\ \dot{\psi} x_i \\ 0 \end{pmatrix} \tag{7.9}$$

となる。すなわち回転の運動エネルギーは

$$T = \frac{1}{2} \sum_i m_i (x_i^2 + y_i^2) \dot{\psi}^2 = \frac{1}{2} \sum_i m_i r_i^2 \dot{\psi}^2 \tag{7.10}$$

となる。r_i は i 番目の質点の z 軸，つまり回転軸からの距離を表す。

$$I_z = \sum_i m_i r_i^2 \tag{7.11}$$

を z 軸まわりの**慣性モーメント**と呼ぶ。質点の数が無限になる極限をとるには，和を積分に変え，質量 m_i を質量密度 $\rho(x, y, z)$ と微小体積 $\mathrm{d}x \mathrm{d}y \mathrm{d}z$ の積に変えればよい。こうして

$$I_z = \int \rho(x, y, z)(x^2 + y^2) \mathrm{d}x \mathrm{d}y \mathrm{d}z \tag{7.12}$$

を得る。積分領域は剛体の占める領域にわたる。

角速度ベクトルが一般の形

$$\boldsymbol{\Omega} = \begin{pmatrix} \omega_1 \\ \omega_2 \\ \omega_3 \end{pmatrix} \tag{7.13}$$

と表される場合，公式[2)]

$$(\boldsymbol{\Omega} \times \boldsymbol{r}_i)^2 = \boldsymbol{\Omega}^2 \boldsymbol{r}_i^2 - (\boldsymbol{\Omega} \cdot \boldsymbol{r}_i)^2 \tag{7.14}$$

を用いて T に代入し，ω_a ($a=1,2,3$) で展開すると

$$T = \frac{1}{2}\sum_i m_i(\boldsymbol{\Omega}^2 \boldsymbol{r}_i^2 - (\boldsymbol{\Omega}\cdot\boldsymbol{r}_i)^2)$$
$$= \frac{1}{2}\sum_{a,b=1}^{3}\sum_i m_i(\delta_{ab}\boldsymbol{r}_i^2 - (\boldsymbol{r}_i)_a(\boldsymbol{r}_i)_b)\omega_a\omega_b \tag{7.15}$$

となる．$(\boldsymbol{r}_i)_a$ は $\boldsymbol{r}_i$ の a 番目の成分を表す．ここで**慣性モーメントテンソル** I_{ab} を

$$I_{ab} = \sum_i m_i(\delta_{ab}\boldsymbol{r}_i^2 - (\boldsymbol{r}_i)_a(\boldsymbol{r}_i)_b) \tag{7.16}$$

で定義すると,

$$T = \frac{1}{2}\sum_{a,b=1}^{3} I_{ab}\omega_a\omega_b \tag{7.17}$$

と書かれる．

慣性モーメントテンソル I_{ab} は a,b について対称 $I_{ab} = I_{ba}$ である．これは連続極限をとると，空間積分を用いて

$$I_{ab} = \int dx_1 dx_2 dx_3\, \rho(x_1, x_2, x_3)\{(x_1^2 + x_2^2 + x_3^2)\delta_{ab} - x_a x_b\} \tag{7.18}$$

と表される．

I_{ab} は 3×3 対称行列であり，適当な直交行列により対角化できる．つまり適切な直交座標系をとることにより，I_{ab} が対角成分のみを持ち，非対角成分がゼロであるようにできる．この直交座標の各座標軸を**慣性主軸**といい，その対角成分 I_1, I_2, I_3 を**主慣性モーメント**という．

[2)] ベクトル $\boldsymbol{a}$, $\boldsymbol{b}$ のなす角を θ とすると $(\boldsymbol{a}\times\boldsymbol{b})^2 = |\boldsymbol{a}|^2|\boldsymbol{b}|^2\sin^2\theta$, 一方で $|\boldsymbol{a}|^2|\boldsymbol{b}|^2 - (\boldsymbol{a}\cdot\boldsymbol{b})^2 = |\boldsymbol{a}|^2|\boldsymbol{b}|^2(1-\cos^2\theta)$．したがって，
$$(\boldsymbol{a}\times\boldsymbol{b})^2 = |\boldsymbol{a}|^2|\boldsymbol{b}|^2 - (\boldsymbol{a}\cdot\boldsymbol{b})^2$$
が成り立つ．

例題7.1　剛体の慣性モーメント

以下の場合の密度一様な剛体 (質量 M) の慣性モーメントを求めよ。
(1) 長さ l の細い棒の重心を通り棒に垂直な軸のまわりの慣性モーメント
(2) 半径 a の円板の，円板の中心を通り円板に垂直な軸のまわりの慣性モーメント
(3) 半径 a の球の中心を通る回転軸のまわりの慣性モーメント

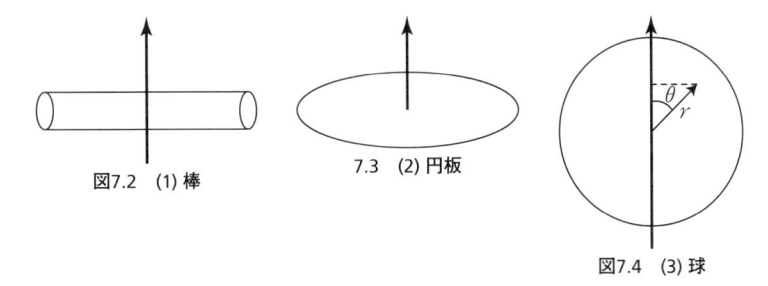

図7.2　(1) 棒

7.3　(2) 円板

図7.4　(3) 球

解

(1) 線密度を σ とすれば $M = \sigma l$，したがって
$$I = \int_{-\frac{l}{2}}^{\frac{l}{2}} \sigma x^2 \mathrm{d}x = \frac{\sigma l^3}{12} = \frac{Ml^2}{12}$$
となる。

(2) 面密度を σ とすると $M = \pi a^2 \sigma$ と表される。極座標 (r, θ) を使って
$$I = \int_0^a r\mathrm{d}r \int_0^{2\pi} \mathrm{d}\theta r^2 \sigma = \frac{\pi a^2 \sigma}{2} = \frac{Ma^2}{2}$$
となる。

(3) 密度を ρ とすると $M = \dfrac{4\pi a^3}{3} \rho$ となる。極座標 (r, θ, φ) を使うと
$$\begin{aligned}
I &= \int_0^a r^2 \mathrm{d}r \int_0^{\pi} \sin\theta \mathrm{d}\theta \int_0^{2\pi} \mathrm{d}\varphi (r\sin\theta)^2 \rho \\
&= 2\pi\rho \frac{a^5}{5} \int_{-1}^1 \mathrm{d}t(1-t^2) \quad (t = \cos\theta) \\
&= \frac{8\pi\rho a^5}{15} = \frac{2Ma^2}{5}
\end{aligned}$$
となる。

ラグランジュの運動方程式

慣性モーメントテンソルが対角行列となるようにとった座標系では，重心のまわりの回転運動エネルギーは

$$T = \frac{1}{2}\left(I_1\omega_1^2 + I_2\omega_2^2 + I_3\omega_3^2\right) \tag{7.19}$$

となる．全運動エネルギーはこれに重心の運動エネルギーを加えて得られる．ラグランジアンはポテンシャル U を引くことにより

$$L = \frac{M}{2}\dot{\boldsymbol{R}}^2 + \frac{1}{2}\sum_{a,b=1}^{3} I_{ab}\omega_a\omega_b - U \tag{7.20}$$

と求められる．

これからラグランジュの運動方程式を求めると，まず重心座標 $\boldsymbol{R}$ については

$$\frac{\mathrm{d}}{\mathrm{d}t}\left(\frac{\partial L}{\partial \dot{\boldsymbol{R}}}\right) - \frac{\partial L}{\partial \boldsymbol{R}} = M\ddot{\boldsymbol{R}} + \frac{\partial U}{\partial \boldsymbol{R}} = 0 \tag{7.21}$$

という，質点と同じ形の運動方程式を得る．回転運動については $\omega_a = \dot{\varphi}_a$ を満たす角度座標 φ_a を導入すれば

$$\frac{\mathrm{d}}{\mathrm{d}t}\left(\frac{\partial L}{\partial \dot{\varphi}_a}\right) - \frac{\partial L}{\partial \varphi_a} = \sum_{b=1}^{3} I_{ab}\dot{\omega}_b + \frac{\partial U}{\partial \varphi_a} = 0 \tag{7.22}$$

という運動方程式を得る．

剛体の角運動量

運動方程式 (7.22) の意味を考えてみよう．剛体の全角運動量

$$\boldsymbol{L} = \sum_i m_i \boldsymbol{r}_i \times (\boldsymbol{\Omega} \times \boldsymbol{r}_i) \tag{7.23}$$

を，ベクトルの外積についての公式[3]

$$\boldsymbol{a} \times (\boldsymbol{b} \times \boldsymbol{c}) = \boldsymbol{b}(\boldsymbol{a}\cdot\boldsymbol{c}) - \boldsymbol{c}(\boldsymbol{a}\cdot\boldsymbol{b}) \tag{7.24}$$

---

[3] 外積の定義 $(\boldsymbol{a}\times\boldsymbol{b})_i = \sum_{j,k=1}^{3} \epsilon_{ijk} a_j b_k$ を使うと

$$(\boldsymbol{a}\times(\boldsymbol{b}\times\boldsymbol{c}))_i = \sum_{j,k}\epsilon_{ijk} a_j (\boldsymbol{b}\times\boldsymbol{c})_k = \sum_{j,k}\sum_{l,m}\epsilon_{ijk} a_j \epsilon_{klm} b_l c_m$$

ここで，$\sum_k \epsilon_{ijk}\epsilon_{klm} = \delta_{il}\delta_{jm} - \delta_{im}\delta_{jl}$ より

$$(\boldsymbol{a}\times(\boldsymbol{b}\times\boldsymbol{c}))_i = b_i \sum_j a_j c_j - c_i \sum_j a_j b_j = \boldsymbol{b}(\boldsymbol{a}\cdot\boldsymbol{c}) - \boldsymbol{c}(\boldsymbol{a}\cdot\boldsymbol{b})$$

が成り立つ．

を使って書き直すと

$$L = \sum_i m_i(\boldsymbol{\Omega} r_i^2 - \boldsymbol{r}_i(\boldsymbol{\Omega} \cdot \boldsymbol{r}_i)) \tag{7.25}$$

となる。成分で表せば

$$L_a = \sum_{b=1}^{3} I_{ab}\omega_b \tag{7.26}$$

となる。したがって，角度座標 φ_a に共役な運動量 $\dfrac{\partial L}{\partial \dot{\varphi}_a}$ は剛体の角運動量 L_a である。

一方，角度の微小変位 $\delta\varphi_a$ に伴う質点の位置の変化は $\delta\boldsymbol{r}_i = \delta\varphi_a \boldsymbol{e}_a \times \boldsymbol{r}_i$ であるから，各質点に働く力 $\boldsymbol{F}_i$ とすると，その仕事の総和は

$$-\delta U = \sum_i \boldsymbol{F}_i \delta\boldsymbol{r}_i$$

$$= \sum_i \boldsymbol{F}_i \delta\varphi_a (\boldsymbol{e}_a \times \boldsymbol{r}_i) \tag{7.27}$$

となる。公式 (7.3) を使うと右辺は

$$\delta\varphi_a \sum_i (\boldsymbol{r}_i \times \boldsymbol{F}_i)_a \tag{7.28}$$

と書き直される。したがって，角度座標 φ_a に対応する一般化力 $-\dfrac{\partial U}{\partial \varphi_a}$ は，剛体の各質点に働く力のモーメント $\boldsymbol{r}_i \times \boldsymbol{F}_i$ の和，つまり剛体に働く力のモーメント N_a になる。よってラグランジュの運動方程式 (7.22) は

$$\frac{\mathrm{d}L_a}{\mathrm{d}t} = N_a \tag{7.29}$$

という剛体の回転を表す運動方程式になる。

7.3　オイラー角

剛体の特徴的な運動は，こまの運動のような回転運動である。こまの運動を観察すると，こまは軸のまわりに回転しつつ，その回転軸自体が変化していく。こうした回転運動を記述するのに便利な座標として**オイラー角**が知られている。この座標系は剛体の回転軸の方向を極座標 (θ, ϕ) で定め，そのまわりの回転角 ψ で運動を特徴づける。そこでオイラー角を使い，こまの運動を記述するラグランジアンを求め，その運動を調べる。

任意の回転軸のまわりの回転

前章で議論した z 軸のまわりの回転で得られる座標系を拡張して，任意の回転軸のまわりに回転して得られる座標系について調べよう。この座標系は次の 3 段階の回転操作により得ることができる。

(a) z 軸のまわりの角度 ϕ の回転を行う。この回転で O-xyz が O-$x'y'z'$ に移ったとする。z 軸と z' 軸は一致している。

(b) y' 軸のまわりの角度 θ の回転を行う。この回転で O-$x'y'z'$ が O-$x''y''z''$ に移ったとする。y' 軸と y'' 軸は一致しており，z'' 軸は元の xyz 軸に関して角 (θ, ϕ) 方向にある。

(c) 最後に z'' 軸のまわりに角度 ψ 回転する。この操作で，O-$x''y''z''$ 系から O-$\xi\eta\zeta$ 系に移り，これが剛体に固定された座標系となる。

この各ステップで座標と基底ベクトルがどう変換するかについて調べる。

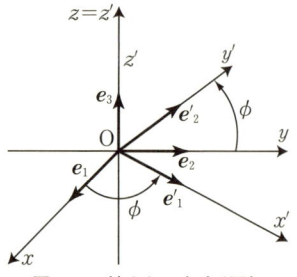

図7.5 z 軸まわり角度 ϕ 回転

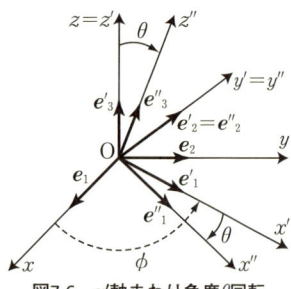

図7.6 y' 軸まわり角度 θ 回転

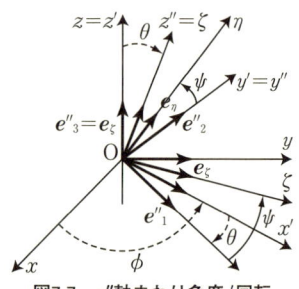

図7.7 z'' 軸まわり角度 ψ 回転

z 軸のまわりの角度 ϕ の回転

これについてはすでに 6.2 節で説明した。この回転で座標系 O-xyz から O-$x'y'z'$ に移るときの座標の変換式は

$$\begin{pmatrix} x' \\ y' \\ z' \end{pmatrix} = R_z(\phi) \begin{pmatrix} x \\ y \\ z \end{pmatrix}, \quad R_z(\phi) = \begin{pmatrix} \cos\phi & \sin\phi & 0 \\ -\sin\phi & \cos\phi & 0 \\ 0 & 0 & 1 \end{pmatrix} \quad (7.30)$$

で与えられる。ここで $R_z(\phi)$ は z 軸のまわりの角度 ϕ の回転行列である。

基底ベクトル $(\boldsymbol{e}_1, \boldsymbol{e}_2, \boldsymbol{e}_3)$ の変換は
$$(\boldsymbol{e}_1', \boldsymbol{e}_2', \boldsymbol{e}_3') = (\boldsymbol{e}_1, \boldsymbol{e}_2, \boldsymbol{e}_3) R_z(-\phi) \tag{7.31}$$
で表される。これより O-$x'y'z'$ の基底ベクトルの時間微分は
$$(\dot{\boldsymbol{e}}_1', \dot{\boldsymbol{e}}_2', \dot{\boldsymbol{e}}_3') = (\boldsymbol{e}_1', \boldsymbol{e}_2', \boldsymbol{e}_3') R_z(\phi) \frac{\mathrm{d}}{\mathrm{d}t} R_z(-\phi) \tag{7.32}$$
となり，この式の右辺を計算すると
$$\dot{\boldsymbol{e}}_i' = \boldsymbol{\Omega}' \times \boldsymbol{e}_i', \quad \boldsymbol{\Omega}' = \dot{\phi} \boldsymbol{e}_3' \tag{7.33}$$
と書かれる。

y' 軸のまわりの角度 θ の回転

次に座標系 O-$x'y'z'$ を y' 軸のまわりに角度 θ 回転し，その結果，座標系 O-$x''y''z''$ に移ったとする。このとき，座標の変換は y 軸のまわりの回転行列を使って
$$\begin{pmatrix} x'' \\ y'' \\ z'' \end{pmatrix} = R_y(\theta) \begin{pmatrix} x' \\ y' \\ z' \end{pmatrix}, \quad R_y(\theta) = \begin{pmatrix} \cos\theta & 0 & -\sin\theta \\ 0 & 1 & 0 \\ \sin\theta & 0 & \cos\theta \end{pmatrix} \tag{7.34}$$
と表される。基底ベクトルの変換は
$$(\boldsymbol{e}_1'', \boldsymbol{e}_2'', \boldsymbol{e}_3'') = (\boldsymbol{e}_1', \boldsymbol{e}_2', \boldsymbol{e}_3') R_y(-\theta) \tag{7.35}$$
となる。この式の右辺に (7.31) を代入すると，新しい基底ベクトルを出発点の静止直交座標系の基底と関係づける式
$$(\boldsymbol{e}_1'', \boldsymbol{e}_2'', \boldsymbol{e}_3'') = (\boldsymbol{e}_1, \boldsymbol{e}_2, \boldsymbol{e}_3) R_z(-\phi) R_y(-\theta) \tag{7.36}$$
を得る。行列 $R_z(-\phi) R_y(-\theta)$ を直接計算すると
$$R_z(-\phi) R_y(-\theta) = \begin{pmatrix} \cos\phi & -\sin\phi & 0 \\ \sin\phi & \cos\phi & 0 \\ 0 & 0 & 1 \end{pmatrix} \begin{pmatrix} \cos\theta & 0 & \sin\theta \\ 0 & 1 & 0 \\ -\sin\theta & 0 & \cos\theta \end{pmatrix}$$
$$= \begin{pmatrix} \cos\theta\cos\phi & -\sin\phi & \sin\theta\cos\phi \\ \cos\theta\sin\phi & \cos\phi & \sin\theta\sin\phi \\ -\sin\theta & 0 & \cos\theta \end{pmatrix} \tag{7.37}$$
となり，これを (7.36) に代入すると
$$\boldsymbol{e}_1'' = \cos\phi\cos\theta \boldsymbol{e}_1 + \sin\phi\cos\theta \boldsymbol{e}_2 - \sin\theta \boldsymbol{e}_3$$
$$\boldsymbol{e}_2'' = \quad -\sin\theta \boldsymbol{e}_1 + \quad \cos\theta \boldsymbol{e}_2$$

第 7 章 剛体の運動

$$\boldsymbol{e}_3'' = \cos\phi\sin\theta\boldsymbol{e}_1 + \sin\theta\sin\phi\boldsymbol{e}_2 + \cos\theta\boldsymbol{e}_3 \tag{7.38}$$

を得る。この直交基底の式をよく見ると，これは 3 次元極座標の直交基底ベクトルの定義 (1.52)，(1.56) そのもの[4]であることがわかる。

$$\boldsymbol{e}_1'' = \boldsymbol{e}_\theta, \quad \boldsymbol{e}_2'' = \boldsymbol{e}_\phi, \quad \boldsymbol{e}_3'' = \boldsymbol{e}_r \tag{7.39}$$

この対応関係により基底 $\boldsymbol{e}_1''$, $\boldsymbol{e}_2''$, $\boldsymbol{e}_3''$ の時間微分は (1.61)，(1.62)，(1.63) ですでに求められていることになるが，これは (7.35) に基づいても示すことができる。実際 (7.36) の両辺を時間微分し，さらに (7.32) を使うと

$$(\dot{\boldsymbol{e}}_1'', \dot{\boldsymbol{e}}_2'', \dot{\boldsymbol{e}}_3'') = (\dot{\boldsymbol{e}}_1', \dot{\boldsymbol{e}}_2', \dot{\boldsymbol{e}}_3')R_y(-\theta) + (\boldsymbol{e}_1', \boldsymbol{e}_2', \boldsymbol{e}_3')\frac{\mathrm{d}}{\mathrm{d}t}R_y(-\theta)$$
$$= (\boldsymbol{e}_1'', \boldsymbol{e}_2'', \boldsymbol{e}_3'')\left\{R_y(\theta)R_z(\phi)\left(\frac{\mathrm{d}}{\mathrm{d}t}R_z(-\phi)\right)R_y(-\theta) + R_y(\theta)\frac{\mathrm{d}}{\mathrm{d}t}R_y(-\theta)\right\}$$
$$\tag{7.40}$$

となる。右辺の基底に掛かる行列は

$$R_z(\phi)\left(\frac{\mathrm{d}}{\mathrm{d}t}R_z(-\phi)\right) = \dot{\phi}\begin{pmatrix} 0 & -1 & 0 \\ 1 & 0 & 0 \\ 0 & 0 & 0 \end{pmatrix}$$
$$R_y(\theta)\left(\frac{\mathrm{d}}{\mathrm{d}t}R_y(-\theta)\right) = \dot{\theta}\begin{pmatrix} 0 & 0 & 1 \\ 0 & 0 & 0 \\ -1 & 0 & 0 \end{pmatrix} \tag{7.41}$$

に注意すると

$$\dot{\phi}R_y(\theta)\begin{pmatrix} 0 & -1 & 0 \\ 1 & 0 & 0 \\ 0 & 0 & 0 \end{pmatrix}R_y(-\theta) + \dot{\theta}\begin{pmatrix} 0 & 0 & 1 \\ 0 & 0 & 0 \\ -1 & 0 & 0 \end{pmatrix}$$
$$= \begin{pmatrix} 0 & -\dot{\phi}\cos\theta & \dot{\theta} \\ \dot{\phi}\cos\theta & 0 & \dot{\phi}\sin\theta \\ -\dot{\theta} & -\dot{\phi}\sin\theta & 0 \end{pmatrix} \tag{7.42}$$

とまとめられる。この反対称行列に対応する角速度ベクトルは

$$\boldsymbol{\Omega}'' = -\dot{\phi}\sin\theta\boldsymbol{e}_1'' + \dot{\theta}\boldsymbol{e}_2'' + \dot{\phi}\cos\theta\boldsymbol{e}_3'' \tag{7.43}$$

となる[5]。またこれは

$$\boldsymbol{\Omega}'' = \dot{\phi}\boldsymbol{e}_3' + \dot{\theta}\boldsymbol{e}_2'' \tag{7.44}$$

---

[4] φ を ϕ に置き換えている。

と表され，この角速度ベクトルが z' 軸のまわりの回転の角速度ベクトル $\dot{\phi}\,\boldsymbol{e}_3'$ と y'' 軸のまわりの回転の角速度ベクトル $\dot{\theta}\,\boldsymbol{e}_2''$ の和で表されることを表している。

z'' 軸のまわりの角度 ψ の回転

最後に O-$x''y''z''$ 系を z'' 軸の周りに角度 ψ 回転して座標系 O-$\xi\eta\zeta$ に至る。この変換により座標と基底ベクトルは

$$\begin{pmatrix} \xi \\ \eta \\ \zeta \end{pmatrix} = R_z(\psi) \begin{pmatrix} x'' \\ y'' \\ z'' \end{pmatrix} \tag{7.45}$$

$$(\boldsymbol{e}_\xi, \boldsymbol{e}_\eta, \boldsymbol{e}_\zeta) = (\boldsymbol{e}_1'', \boldsymbol{e}_2'', \boldsymbol{e}_3'') R_z(-\psi) \tag{7.46}$$

と表される。この基底ベクトルを出発点の正規直交基底で表すと

$$(\boldsymbol{e}_\xi, \boldsymbol{e}_\eta, \boldsymbol{e}_\zeta) = (\boldsymbol{e}_1, \boldsymbol{e}_2, \boldsymbol{e}_3) R_z(-\phi) R_y(-\theta) R_z(-\psi) \tag{7.47}$$

となる。この変換行列は計算すると

$$\begin{aligned} &R_z(-\phi) R_y(-\theta) R_z(-\psi) \\ &= \begin{pmatrix} \cos\phi\cos\theta\cos\psi - \sin\phi\sin\psi & -\cos\phi\cos\theta\sin\psi - \sin\phi\cos\psi & \cos\phi\sin\theta \\ \sin\phi\cos\theta\cos\psi + \cos\phi\sin\psi & -\sin\phi\cos\theta\sin\psi + \cos\phi\cos\psi & \sin\phi\sin\theta \\ -\sin\theta\cos\psi & \sin\theta\sin\psi & \cos\theta \end{pmatrix} \end{aligned} \tag{7.48}$$

となる。前のステップと同様に，(7.46) を時間微分して

$$(\dot{\boldsymbol{e}}_\xi, \dot{\boldsymbol{e}}_\eta, \dot{\boldsymbol{e}}_\zeta) = (\dot{\boldsymbol{e}}_1'', \dot{\boldsymbol{e}}_2'', \dot{\boldsymbol{e}}_3'') R_z(-\psi) + (\boldsymbol{e}_\xi, \boldsymbol{e}_\eta, \boldsymbol{e}_\zeta) R_z(\psi) \frac{\mathrm{d}}{\mathrm{d}t} R_z(-\psi) \tag{7.49}$$

を得るので，(7.40) を代入して変形すると

---

5) 正規直交規格化ベクトル $\boldsymbol{e}_1$, $\boldsymbol{e}_2$, $\boldsymbol{e}_3$ と反対称行列

$$A = \begin{pmatrix} 0 & -\omega_3 & \omega_2 \\ \omega_3 & 0 & -\omega_1 \\ -\omega_2 & \omega_1 & 0 \end{pmatrix}$$

に対して

$$(\boldsymbol{e}_1, \boldsymbol{e}_2, \boldsymbol{e}_3) A = (\boldsymbol{\Omega} \times \boldsymbol{e}_1, \boldsymbol{\Omega} \times \boldsymbol{e}_2, \boldsymbol{\Omega} \times \boldsymbol{e}_3), \quad \boldsymbol{\Omega} = \omega_1 \boldsymbol{e}_1 + \omega_2 \boldsymbol{e}_2 + \omega_3 \boldsymbol{e}_3$$

が成り立つ。

$$(\dot{e}_\xi, \dot{e}_\eta, \dot{e}_\zeta) = (e_\xi, e_\eta, e_\zeta)\Big[R_z(\psi)\Big\{R_y(\theta)R_z(\phi)\Big(\frac{\mathrm{d}}{\mathrm{d}t}R_z(-\phi)\Big)$$
$$\times R_y(-\theta) + R_y(\theta)\frac{\mathrm{d}}{\mathrm{d}t}R_y(-\theta)\Big\}R_z(-\psi) + R_z(\psi)\frac{\mathrm{d}}{\mathrm{d}t}R_z(-\psi)\Big] \quad (7.50)$$

となる。(7.42) を使うと，基底に掛かる行列は

$$R_z(\psi)\Big\{R_y(\theta)R_z(\phi)\Big(\frac{\mathrm{d}}{\mathrm{d}t}R_z(-\phi)\Big)R_y(-\theta) + R_y(\theta)\frac{\mathrm{d}}{\mathrm{d}t}R_y(-\theta)\Big\}R_z(-\psi)$$
$$+ R_z(\psi)\frac{\mathrm{d}}{\mathrm{d}t}R_z(-\psi)$$
$$= R_z(\psi)\begin{pmatrix} 0 & -\dot\phi\cos\theta & \dot\theta \\ \dot\phi\cos\theta & 0 & \dot\phi\sin\theta \\ -\dot\theta & -\dot\phi\sin\theta & 0 \end{pmatrix}R_z(-\psi) + \dot\psi\begin{pmatrix} 0 & -1 & 0 \\ 1 & 0 & 0 \\ 0 & 0 & 0 \end{pmatrix}$$
$$= \begin{pmatrix} 0 & -\dot\psi - \dot\phi\cos\theta & -\dot\theta\cos\psi - \dot\phi\sin\theta\sin\psi \\ \dot\psi + \dot\phi\cos\theta & 0 & -\dot\theta\sin\psi + \dot\phi\sin\theta\cos\psi \\ \dot\theta\cos\psi + \dot\phi\sin\theta\sin\psi & \dot\theta\sin\psi - \dot\phi\sin\theta\cos\psi & 0 \end{pmatrix}$$
$$\quad (7.51)$$

と計算される。結局 O-$\xi\eta\zeta$ 系における角速度ベクトル $\boldsymbol{\Omega}$ は

$$\boldsymbol{\Omega} = \omega_\xi e_\xi + \omega_\eta e_\eta + \omega_\zeta e_\zeta \quad (7.52)$$

の形に書かれ，各成分は

$$\omega_\xi = \dot\theta\sin\psi - \dot\phi\sin\theta\cos\psi$$
$$\omega_\eta = \dot\theta\cos\psi + \dot\phi\sin\theta\sin\psi \quad (7.53)$$
$$\omega_\zeta = \dot\phi\cos\theta + \dot\psi$$

で与えられる。また，この角速度ベクトルは以下のようにも書ける。

$$\boldsymbol{\Omega} = \dot\phi e_3' + \dot\theta e_2'' + \dot\psi e_\zeta \quad (7.54)$$

7.4　対称こまの運動

　重力のもとで，1 点で固定された軸対称なこまの回転運動について議論しよう。固定点を原点 O とする回転座標系を考え，オイラー角で座標系を特徴づける。回転軸上に剛体の重心があり，剛体はこの回転軸のまわりについて対称であるとする。つまり回転軸のまわりの慣性モーメント I_1, I_2, I_3 に対し $I_1 = I_2$ が成り立つとする。

7.4 対称こまの運動

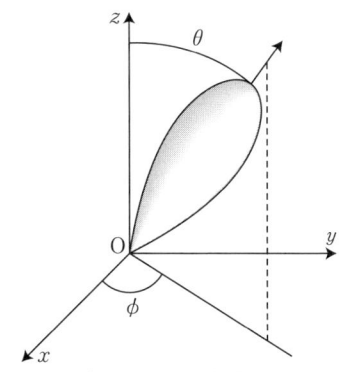

図7.8 重力のもとでの軸対称こまの運動

このこまの運動エネルギーは

$$T = \frac{1}{2}\left(I_1(\omega_\xi^2 + \omega_\eta^2) + I_3\omega_\zeta^2\right)$$
$$= \frac{1}{2}\left\{I_1(\dot{\theta}^2 + \dot{\phi}^2\sin^2\theta) + I_3(\dot{\psi} + \dot{\phi}\cos\theta)^2\right\} \quad (7.55)$$

で与えられる。剛体の位置エネルギーは，剛体の各点の位置エネルギーを足して

$$U = g\sum_i m_i z_i \quad (7.56)$$

となる。これは重心の固定点 O からの距離を l とすると

$$U = Mgl\cos\theta \quad (7.57)$$

となる。したがって，この対称こまのラグランジアンは

$$L = \frac{1}{2}\left\{I_1(\dot{\theta}^2 + \dot{\phi}^2\sin^2\theta) + I_3(\dot{\psi} + \dot{\phi}\cos\theta)^2\right\} - Mgl\cos\theta \quad (7.58)$$

で与えられる。

オイラー角 ϕ, ψ は循環座標であり，対応する共役運動量

$$p_\phi = \frac{\partial L}{\partial \dot{\phi}} = I_1\dot{\phi}\sin^2\theta + I_3(\dot{\psi} + \dot{\phi}\cos\theta)\cos\theta \quad (7.59)$$

$$p_\psi = \frac{\partial L}{\partial \dot{\psi}} = I_3(\dot{\psi} + \dot{\phi}\cos\theta) \quad (7.60)$$

は保存する。さらに全エネルギー

$$E = \frac{1}{2}\left\{I_1(\dot{\theta}^2 + \dot{\phi}^2\sin^2\theta) + I_3(\dot{\psi} + \dot{\phi}\cos\theta)^2\right\} + Mgl\cos\theta \quad (7.61)$$

も保存する。

対称こまの有効ポテンシャル

これを用いて，こまの運動を議論することができる。まず $\dot{\phi}$ を p_ϕ, p_ψ を用いて表すと

$$\dot{\phi} = \frac{p_\phi - p_\psi\cos\theta}{I_1\sin^2\theta} \quad (7.62)$$

となる。これと (7.60) をエネルギーの式 (7.61) に代入すると

$$E = \frac{I_1}{2}\dot{\theta}^2 + \frac{(p_\phi - p_\psi\cos\theta)^2}{2I_1\sin^2\theta} + \frac{p_\psi^2}{2I_3} + Mgl\cos\theta \quad (7.63)$$

となる。これは θ が有効ポテンシャル

$$U_{\text{eff}}(\theta) = \frac{(p_\phi - p_\psi\cos\theta)^2}{2I_1\sin^2\theta} + Mgl\cos\theta \quad (7.64)$$

のもとでの1次元運動

$$E' = \frac{1}{2}I_1\dot{\theta}^2 + U_{\text{eff}}(\theta) \quad (7.65)$$

で記述されることを意味する。ただし $E' = E - \frac{p_\psi^2}{2I_3}$ である。これより

$$t = \int d\theta \sqrt{\frac{I_1}{2(E' - U_{\text{eff}}(\theta))}} \quad (7.66)$$

となり，右辺の積分を求めると運動が求められる。

章末問題

7.1 図のように質量 M，半径 R の球が斜面上を滑らずに転がっている。斜面は水平面と角 α をなす。

(1) 斜面に下向きに沿って x 軸，球面上の基準点の回転角を θ とするとき，この球のラグランジアンを求めよ。

(2) 重心の x 座標と角 θ の関係はどうなるか。

(3) θ を消去し，x についての運動方程式を求め，それを解け。

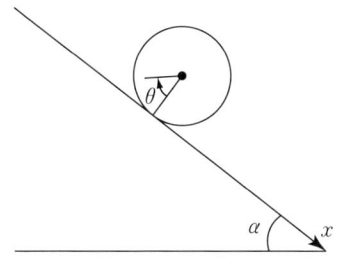

図7.9 斜面上を滑らずに転がる球

7.2 対称こまが z 軸のまわりで一定の角速度 ω で回転しているとき，こまの回転が安定であるような条件を求めよ。

7.3 外力の働かない，オイラー角 (θ, ϕ, ψ) の回転軸 ξ, η, ζ のまわりの慣性モーメントを I_1, I_2, I_3 とする非対称こまについて考える。ラグランジュの運動方程式を，(7.53) で定義される $(\omega_1, \omega_2, \omega_3) \equiv (\omega_\xi, \omega_\eta, \omega_\zeta)$ に関する方程式として表せ。

第 8 章

力学の中で広く見られるタイプの運動は，系が安定なつり合いの位置の近くで行う微小振動である。この章では微小振動の問題について議論することにする。

微小振動

8.1　1 次元の振動

1 自由度の力学系を考える。q を一般化座標とし，そのラグランジアンが

$$L = \frac{1}{2} a(q) \dot{q}^2 - U(q) \tag{8.1}$$

で与えられているものとする。位置 q における一般化力は $-\dfrac{\mathrm{d}U}{\mathrm{d}q}$ である。ポテンシャル U が，ある q の値 $q = q_0$ で極小となったとすると，この点で質点に働く力はゼロとなる。

$$-\frac{\mathrm{d}U(q)}{\mathrm{d}q}\bigg|_{q=q_0} = 0$$

したがって，$q = q_0$ の近傍では一般化力は

$$-\frac{\mathrm{d}U(q)}{\mathrm{d}q} = -\frac{\mathrm{d}^2 U(q)}{\mathrm{d}q^2}\bigg|_{q=q_0} (q - q_0) + \cdots$$

と近似される。$q = q_0$ で $U(q)$ が極小ということは，右辺に現れる $U(q)$ の q に関する 2 階微分の $q = q_0$ における値が正，つまり

$$\frac{\mathrm{d}^2 U(q)}{\mathrm{d}q^2}\bigg|_{q=q_0} > 0 \tag{8.2}$$

ということである。質点を $q = q_0$ の位置に静かに置いたとすると，働く

力はゼロなので，質点は動き出さず静止したままである。このとき，質点は**平衡の位置**にあるという。

質点を $q = q_0$ の位置に置いて初速度を与えると，位置 q は $q = q_0$ からずれる。一般化力 $-\dfrac{dU}{dq}$ は $q > q_0$ ならば負，$q < q_0$ ならば正となり，位置を $q = q_0$ の位置に戻そうとする復元力が働くことになる。こうして $q = q_0$ のまわりで振動現象が生じる。このとき，$q = q_0$ は**安定な平衡点**と呼ばれる。

もし $q = q_0$ が $U(q)$ の極大点であるとき，つまり

$$\left.\frac{d^2 U(q)}{dq^2}\right|_{q=q_0} < 0 \tag{8.3}$$

のとき，$q = q_0$ の位置に初速度ゼロで置いたならばそのまま静止を続ける。つまり $q = q_0$ は平衡の位置である。しかし $q = q_0$ からすこしずれた位置におくと，今度は $q = q_0$ から遠ざかる方向に運動が進む。このとき $q = q_0$ は**不安定な平衡点**と呼ばれる。

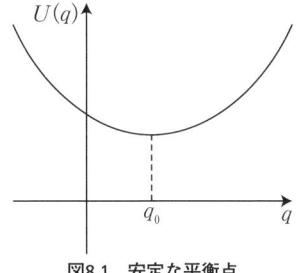

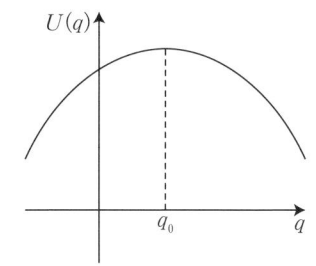

図8.1 安定な平衡点 **図8.2** 不安定な平衡点

ラグランジアンを安定な平衡点 $q = q_0$ のまわりで展開し，$\dot{q}$ の2次のオーダーの項までの展開項で近似しよう。ポテンシャル $U(q)$ を $q = q_0$ のまわりで展開し，最初の 0 でない項 (2 次の項) まで残す。

$$U(q) = U(q_0) + \frac{k}{2}(q - q_0)^2 + \cdots, \quad k = \left.\frac{d^2 U(q)}{dq^2}\right|_{q=q_0} \tag{8.4}$$

運動項にはすでに $\dot{q}^2$ が含まれているので，$a(q)$ の展開は定数項を残し

$$a(q) = m + \cdots \tag{8.5}$$

とおく。極小点からの変位 $x = q - q_0$ を導入すると，ラグランジアンは

第8章 微小振動

$$L = \frac{m}{2}\dot{x}^2 - \frac{k}{2}x^2 \tag{8.6}$$

と近似される。これは単振動 (例 1.2) のラグランジアンであり，ラグランジュの運動方程式は

$$\ddot{x} + \omega^2 x = 0, \quad \omega^2 = \frac{k}{m} \tag{8.7}$$

となり，その解が

$$x = A\sin(\omega t + \alpha) \tag{8.8}$$

となる。この方程式の解を求める 1 つの方法は，複素数 $\xi = \dot{x} + i\omega x$ を導入することである。ξ は 1 階の微分方程式

$$\dot{\xi} = \ddot{x} + i\omega\dot{x} = -\omega^2 x + i\omega\dot{x} = i\omega\xi \tag{8.9}$$

を満たし，その解は a を複素数として $\xi = ae^{i\omega t}$ で与えられる。x は，ξ の虚部をとることにより得られる。実際 $a = A\omega e^{i\alpha}$ とおくと，$x = \frac{1}{\omega}\mathrm{Im}(ae^{i\omega t}) = A\sin(\omega t + \alpha)$ を得る。

強制振動

この単振動に，保存力以外の外力 F が加わり，その力が時間 t に依存する場合，運動方程式は

$$m\ddot{x} + m\omega^2 x = F(t) \tag{8.10}$$

となり，これは**強制振動の方程式**と呼ばれる。複素数 $\xi = \dot{x} + i\omega x$ を導入すると，ξ が満たす微分方程式は

$$\dot{\xi} - i\omega\xi = \frac{1}{m}F(t) \tag{8.11}$$

となる。この微分方程式の解を定数変化法により求める。つまり，解を $\xi = a(t)e^{i\omega t}$ の形に仮定して式 (8.11) に代入すると

$$\dot{a}(t) = \frac{1}{m}F(t)e^{-i\omega t} \tag{8.12}$$

となる。これを積分して $a(t)$ を求め，さらに ξ を求めると

$$\xi(t) = e^{i\omega t}\left\{\int_0^t \frac{1}{m}F(t')e^{-i\omega t'}\mathrm{d}t' + a\right\} \quad (a \text{ は定数}) \tag{8.13}$$

となり，$x(t) = \frac{1}{\omega}\mathrm{Im}\,\xi(t)$ により $x(t)$ が決まる。支点の位置が変化する

振り子の例 5.3 はこの強制振動の例である。

減衰振動

単振動に速度に比例する抵抗力 $-\alpha\dot{x}\,(\alpha>0)$ が働く場合，運動方程式は
$$m\ddot{x} = -kx - \alpha\dot{x} \tag{8.14}$$
となる。この微分方程式の解は，λ についての 2 次方程式 $m\lambda^2 + \alpha\lambda + k = 0$ の解を λ_1, λ_2 とおくと，$x = a_1 e^{\lambda_1 t} + a_2 e^{\lambda_2 t}$（の実部）と書かれる。ただし a_1, a_2 は定数である。$c = \dfrac{\alpha}{m}, \omega^2 = \dfrac{k}{m}$ とおくと，2 次方程式の解は
$$\lambda = -\frac{c}{2} \pm \sqrt{\frac{c^2}{4} - \omega^2} \tag{8.15}$$
と表すことができる。したがって解は，$\dfrac{c}{2} < \omega$ の場合は減衰振動，$\dfrac{c}{2} > \omega$ の場合は非周期的減衰となる。

8.2　多自由度系の微小振動

次に，自由度 n の力学系の微小振動について考えよう。一般化座標を $q_1, \cdots, q_n$ とする。ラグランジアン $L = T(q, \dot{q}) - U(q)$ において，運動エネルギー $T(q, \dot{q})$ は
$$T = \frac{1}{2}\sum_{i,j} K_{ij}(q)\dot{q}_i\dot{q}_j \tag{8.16}$$
の形をしているとする。ポテンシャル $U(q)$ が $q_i = q_i^{(0)}$ において極値をとるとする。
$$\left.\frac{\partial U(q)}{\partial q_i}\right|_{q=q^{(0)}} = 0 \tag{8.17}$$
この位置 $q_i^{(0)}$ を原点 $q = 0$ にとり直して，ポテンシャル $U(q)$ を q の 2 次まで
$$U(q) = U(0) + \frac{1}{2}\sum_{i,j=1}^{n} c_{ij}q_i q_j + \cdots, \quad c_{ij} = \left.\frac{\partial^2 U(q)}{\partial q_i \partial q_j}\right|_{q=q^{(0)}} \tag{8.18}$$
と展開する。運動エネルギー項の $K_{ij}(q)$ は 0 次のオーダーで止め
$$K_{ij}(q) = K_{ij} + \cdots, \quad K_{ij} = K_{ij}(q^{(0)}) \tag{8.19}$$
とする。したがって，微小振動のラグランジアンは

となる。運動方程式は

$$\frac{d}{dt}\left(\frac{\partial L}{\partial \dot{q}_i}\right) - \frac{\partial L}{\partial q_i} = \sum_{j=1}^{n} K_{ij}\ddot{q}_j + \sum_{j=1}^{n} c_{ij}q_j = 0 \tag{8.21}$$

と求められる。

例題8.1　2重振り子の微小振動

例題 5.2 の 2 重振り子の微小振動の運動方程式を求めよ。

解　ラグランジアン (5.32)

$$L = \frac{1}{2}m_1 l_1^2 \dot{\theta}_1^2 + \frac{1}{2}m_2(l_1^2\dot{\theta}_1^2 + l_2^2\dot{\theta}_2^2 + 2l_1 l_2 \cos(\theta_1 - \theta_2)\dot{\theta}_1\dot{\theta}_2)$$
$$- m_1 g l_1 (1 - \cos\theta_1) - m_2 g (l_1(1 - \cos\theta_1) + l_2(1 - \cos\theta_2)) \tag{8.22}$$

において、座標 θ_1, θ_2 とその時間微分について 2 次まで残すと

$$L = \frac{1}{2}m_1 l_1^2 \dot{\theta}_1^2 + \frac{1}{2}m_2(l_1^2\dot{\theta}_1^2 + l_2^2\dot{\theta}_2^2 + 2l_1 l_2\dot{\theta}_1\dot{\theta}_2)$$
$$- m_1 g l_1 \frac{\theta_1^2}{2} - m_2 g l_1 \frac{\theta_1^2}{2} - m_2 g l_2 \frac{\theta_2^2}{2} \tag{8.23}$$

となり、運動方程式は

$$(m_1 + m_2)l_1^2 \ddot{\theta}_1 + m_2 l_1 l_2 \ddot{\theta}_2 = -(m_1 + m_2)g l_1 \theta_1$$
$$m_2 l_2^2 \ddot{\theta}_2 + m_2 l_1 l_2 \ddot{\theta}_1 = -m_2 g l_2 \theta_2 \tag{8.24}$$

となる。■

8.3　基準振動と基準座標

微小振動の運動方程式

$$\sum_j K_{ij}\ddot{q}_j + \sum_j c_{ij}q_j = 0 \quad (i = 1, \cdots, n) \tag{8.25}$$

の解について考察しよう。

固有振動数

この定数係数の n 個の線形同次常微分方程式の解を求めるには、まず

解を
$$q_i(t) = a_i e^{i\omega t} \tag{8.26}$$
の形に仮定して方程式 (8.25) に代入する。a_i は定数である。その結果は
$$\sum_{j=1}^{n}(-K_{ij}\omega^2 + c_{ij})a_j e^{i\omega t} = 0 \tag{8.27}$$
となる。$e^{i\omega t}$ は共通な因子なのでそれを除くと，a_i に対する連立 1 次方程式
$$\sum_{j=1}^{n}(-K_{ij}\omega^2 + c_{ij})a_j = 0 \tag{8.28}$$
となる。行列
$$K = \begin{pmatrix} K_{11} & K_{12} & & K_{1n} \\ K_{21} & K_{22} & & K_{2n} \\ & & \ddots & \\ K_{n1} & K_{n2} & & K_{nn} \end{pmatrix} \tag{8.29}$$

$$C = \begin{pmatrix} c_{11} & c_{12} & & c_{1n} \\ c_{21} & c_{22} & & c_{2n} \\ & & \ddots & \\ c_{n1} & c_{n2} & & c_{nn} \end{pmatrix} \tag{8.30}$$
と，ベクトル
$$a = \begin{pmatrix} a_1 \\ a_2 \\ \vdots \\ a_n \end{pmatrix} \tag{8.31}$$
を導入すると，方程式 (8.28) は
$$(-K\omega^2 + C)a = 0 \tag{8.32}$$
と書き表される。この方程式が $a = 0$ でない非自明な解を持つためには，行列 $(-K\omega^2 + C)$ の逆行列が存在しないことが必要となる。すなわち，その行列式が 0
$$\det(-K\omega^2 + C) = 0 \tag{8.33}$$
にならなければならない。この方程式は**固有方程式**（**永年方程式**）と呼ばれ，その解は**固有振動数**と呼ばれる。この方程式は ω^2 について n 次の代

数方程式であり，n 個の解を持つ。その固有振動数 $\omega_1^2, \cdots, \omega_n^2$ はすべて実数であることがわかる。この固有振動数がすべて正である場合，系は $q = 0$ のまわりで微小振動を行い，$q = 0$ は**安定な平衡点**，そうでない場合つまり $\omega^2 < 0$ となる固有振動数がある場合は**不安定な平衡点**と呼ばれる。

例題8.2 **2 重振り子の固有振動数**

2 重振り子（例題 8.1）の固有振動数を求めよ。

解 $\theta_1 = a_1 e^{i\omega t}$，$\theta_2 = a_2 e^{i\omega t}$ を運動方程式 (8.24) に代入すると
$$(m_1 + m_2)(g - l_1 \omega^2) a_1 - a_2 m_2 l_2 \omega^2 = 0$$
$$-m_2 a_1 l_1 \omega^2 + m_2 a_2 (g - l_2 \omega^2) = 0 \tag{8.34}$$
となり，永年方程式は
$$\begin{vmatrix} (m_1 + m_2)(g - l_1 \omega^2) & -m_2 l_2 \omega^2 \\ -m_2 l_1 \omega^2 & m_2(g - l_2 \omega^2) \end{vmatrix} = 0 \tag{8.35}$$
で与えられる。この行列式を計算すると
$$m_2(m_1 + m_2)(g - l_1 \omega^2)(g - l_2 \omega^2) - m_2^2 l_1 l_2 \omega^4$$
$$= m_2 \{ m_1 l_1 l_2 \omega^4 - (m_1 + m_2) g (l_1 + l_2) \omega^2 + (m_1 + m_2) g^2 \} = 0 \tag{8.36}$$
となり，ω^2 に関する 2 次方程式の解は
$$\omega_{1,2}^2 = \frac{g}{2 m_1 l_1 l_2} \left\{ (m_1 + m_2)(l_1 + l_2) \pm \sqrt{(m_1 + m_2)[(m_1 + m_2)(l_1 + l_2)^2 - 4 m_1 l_1 l_2]} \right\} \tag{8.37}$$
となる。 ■

直交性

固有方程式 (8.33) の解 $\omega_1^2, \cdots, \omega_n^2$ の値がすべて異なる場合，1 次方程式 (8.32) の固有振動数 ω_i^2 に対する解を $a^{(i)}$ とする。
$$a^{(i)} = \begin{pmatrix} a_1^{(i)} \\ a_2^{(i)} \\ \vdots \\ a_n^{(i)} \end{pmatrix} \tag{8.38}$$
すると，$k \neq l$ に対して

$$(-K\omega_k^2 + C)a^{(k)} = 0$$
$$(-K\omega_l^2 + C)a^{(l)} = 0 \tag{8.39}$$

が成り立つ．この 2 つの式の左辺の表すベクトルとベクトル $a^{(l)}$, $a^{(k)}$ の内積[1]) をとると

$$(a^{(l)}, Ka^{(k)})\omega_k^2 - (a^{(l)}, Ca^{(k)}) = 0 \tag{8.40}$$
$$(a^{(k)}, Ka^{(l)})\omega_l^2 - (a^{(k)}, Ca^{(l)}) = 0 \tag{8.41}$$

となる．K, C が対称行列であることから

$$(a^{(k)}, Ka^{(l)}) = (a^{(l)}, Ka^{(k)}) = \sum_{i,j} K_{ij} a_i^{(k)} a_j^{(l)}$$

$$(a^{(k)}, Ca^{(l)}) = (a^{(l)}, Ca^{(k)}) = \sum_{i,j} c_{ij} a_i^{(k)} a_j^{(l)} \tag{8.42}$$

となるので，(8.40) から (8.41) を引くと

$$(\omega_k^2 - \omega_l^2)(a^{(k)}, Ka^{(l)}) = 0 \tag{8.43}$$

が成り立つ．$\omega_k^2 \neq \omega_l^2$ なので，$k \neq l$ に対し

$$(a^{(k)}, Ka^{(l)}) = 0 \tag{8.44}$$

となる．$k = l$ に対しては

$$(a^{(k)}, Ka^{(k)}) = 1 \tag{8.45}$$

となるように規格化しておく．まとめると $a^{(k)}$ は

$$(a^{(k)}, Ka^{(l)}) = \delta_{kl} \tag{8.46}$$

を満たすようにできる．さらに成分で直接表すと

$$\sum_{i,j=1}^{n} a_i^{(k)} K_{ij} a_j^{(l)} = \delta_{kl} \tag{8.47}$$

という式に書き換えることができる．また (8.40) に代入すると

$$\sum_{i,j=1}^{n} a_i^{(k)} c_{ij} a_j^{(l)} = \delta_{kl} \omega_k^2 \tag{8.48}$$

が成り立つ．この議論では固有振動数がすべて互いに異なるとしたが，固有値が縮退（ある k, l について $\omega_k^2 = \omega_l^2$ となる）する場合も，適当な $a^{(k)}$, $a^{(l)}$ をとることにより，(8.47), (8.48) を満たすようにすることがで

---

[1]) n 次元ベクトル $\boldsymbol{A} = (A_1, \cdots, A_n)$, $\boldsymbol{B} = (B_1, \cdots, B_n)$ 内積 $(\boldsymbol{A}, \boldsymbol{B})$ を

$$(\boldsymbol{A}, \boldsymbol{B}) = \sum_{i=1}^{n} A_i B_i$$

で定義する．

きる。

基準座標

一般化座標 $q_1, \cdots, q_n$ の代わりに座標 $Q_1, \cdots, Q_n$ を

$$q_i = \sum_{k=1}^{n} a_i^{(k)} Q_k \tag{8.49}$$

により導入する。その時間微分は

$$\dot{q}_i = \sum_{k=1}^{n} a_i^{(k)} \dot{Q}_k \tag{8.50}$$

となる。これをラグランジアン (8.20) に代入し，$Q_i, \dot{Q}_i$ で記述してみよう。運動エネルギーは (8.50) を代入して

$$T = \frac{1}{2} \sum_{i,j} K_{ij} \dot{q}_i \dot{q}_j$$

$$= \frac{1}{2} \sum_{i,j} \sum_{k,l} K_{ij} a_i^{(k)} a_j^{(l)} \dot{Q}_k \dot{Q}_l \tag{8.51}$$

となる。ここではじめに添え字 i, j について和をとると，関係式 (8.47) を用いて

$$T = \frac{1}{2} \sum_{k=1}^{n} \dot{Q}_k^2 \tag{8.52}$$

となることがわかる。ポテンシャル U についても同様に (8.48) を用いて

$$U = \frac{1}{2} \sum_{i,j} c_{ij} q_i q_j = \frac{1}{2} \sum_{k=1}^{n} \omega_k^2 Q_k^2 \tag{8.53}$$

と書き換えることができる。したがってラグランジアンは

$$L = \frac{1}{2} \sum_{k=1}^{n} (\dot{Q}_k^2 - \omega_k^2 Q_k^2) \tag{8.54}$$

となり，n 個の独立な調和振動子のラグランジアンの和の形に書ける。座標 Q_k は角振動数 ω_k 単振動の運動方程式

$$\ddot{Q}_k + \omega_k^2 Q_k = 0 \tag{8.55}$$

を満たし，その解は

$$Q_k = A_k \cos(\omega_k t + \alpha_k) \tag{8.56}$$

の形で与えられる。これを用いて q_i は

$$q_i = \sum_{k=1}^{n} a_i^{(k)} A_k \cos(\omega_k t + \alpha_k) \tag{8.57}$$

と与えられる。$2n$ 個の定数 $A_1, \cdots, A_n, \alpha_1, \cdots, \alpha_n$ は初期条件により定まる。このように一般座標 Q_k は微小振動の解を求めるのに基本的な役割を果たし，これを**基準座標**と呼び，基準座標に対応する振動を**基準振動**と呼ぶ。

2 次形式の対角化

この $a_i^{(k)}$ を n 個並べて作った n 次正方行列

$$U = \begin{pmatrix} a_1^{(1)} & a_1^{(2)} & \cdots & a_1^{(n)} \\ a_2^{(1)} & a_2^{(2)} & \cdots & a_2^{(n)} \\ \vdots & & \ddots & \vdots \\ a_n^{(1)} & a_n^{(2)} & \cdots & a_n^{(n)} \end{pmatrix} \tag{8.58}$$

を考えると，座標変換 (8.49) はこの行列 U を用いて

$$\begin{pmatrix} q_1 \\ \vdots \\ q_n \end{pmatrix} = U \begin{pmatrix} Q_1 \\ \vdots \\ Q_n \end{pmatrix} \tag{8.59}$$

と書くことができ，(8.47)，(8.48) は

$$U^{\mathrm{T}} K U = \begin{pmatrix} 1 & & 0 \\ & \ddots & \\ 0 & & 1 \end{pmatrix}, \quad U^{\mathrm{T}} C U = \begin{pmatrix} \omega_1^2 & & 0 \\ & \ddots & \\ 0 & & \omega_n^2 \end{pmatrix} \tag{8.60}$$

という関係式と同値であることがわかる。ここで U^{T} は U の転置行列である。これは，行列 U により対称行列 K と C に関する 2 次形式 (q, Kq) と (q, Cq) が対角化されることを表している。

例題8.3 **2 重振り子の微小振動**

2 重振り子（例題 8.1）において，$m_1 = m_2 = m, l_1 = l_2 = l$ の場合の微小振動を考える。

(1) 固有振動数を求めよ。
(2) 各固有振動数に対し，固有方程式の解を求め，その規格化条件および直交性について調べよ。
(3) 解を基準振動で表せ。また，ラグランジアンを基準振動座標で表せ。

(1) 運動方程式は
$$2ml^2\ddot{\theta}_1 + ml^2\ddot{\theta}_2 = -2mgl\theta_1$$
$$ml^2\ddot{\theta}_1 + ml^2\ddot{\theta}_2 = -mgl\theta_2$$
となる。基準振動解 $\theta_1 = a_1 e^{i\omega t}$, $\theta_2 = a_2 e^{i\omega t}$ を代入すると，a_1, a_2 は

$$\begin{pmatrix} 2(g-l\omega^2) & -l\omega^2 \\ -l\omega^2 & g-l\omega^2 \end{pmatrix} \begin{pmatrix} a_1 \\ a_2 \end{pmatrix} = 0 \qquad (\ast)$$

を満たす。この方程式の非自明な解が存在するためには行列式が

$$\begin{vmatrix} 2(g-l\omega^2) & -l\omega^2 \\ -l\omega^2 & g-l\omega^2 \end{vmatrix} = l^2\omega^4 - 4gl\omega^2 + 2g^2 = 0$$

とならなければならない。これより

$$\omega^2 = \frac{2gl \pm \sqrt{4(gl)^2 - 2g^2 l^2}}{l^2} = (2 \pm \sqrt{2})\frac{g}{l}$$

と固有振動数が求められる。$\omega_1{}^2 = (2+\sqrt{2})\dfrac{g}{l}$，$\omega_2{}^2 = (2-\sqrt{2})\dfrac{g}{l}$ とおく。

(2) $\omega^2 = \omega_i{}^2$ に対応する a_1, a_2 を $a_1^{(i)}, a_2^{(i)}$ と書く。$\omega^2 = \omega_1{}^2$ の場合，固有方程式（$\ast$）は

$$\begin{pmatrix} 2(-1-\sqrt{2})g & -(2+\sqrt{2})g \\ -(2+\sqrt{2})g & -(1+\sqrt{2})g \end{pmatrix} \begin{pmatrix} a_1^{(1)} \\ a_2^{(1)} \end{pmatrix} = 0$$

となり，$a_1^{(1)}$ と $a_2^{(1)}$ の比は

$$\frac{a_1^{(1)}}{a_2^{(1)}} = -\frac{2+\sqrt{2}}{2(1+\sqrt{2})} = -\frac{1}{\sqrt{2}}$$

となる。同様に $\omega^2 = \omega_2{}^2$ の場合

$$\begin{pmatrix} 2(-1+\sqrt{2})g & -(2-\sqrt{2})g \\ -(2-\sqrt{2})g & -(1-\sqrt{2})g \end{pmatrix} \begin{pmatrix} a_1^{(2)} \\ a_2^{(2)} \end{pmatrix} = 0$$

となり，$a_1^{(2)}$ と $a_2^{(2)}$ の比は

$$\frac{a_1^{(2)}}{a_2^{(2)}} = \frac{2-\sqrt{2}}{2(-1+\sqrt{2})} = \frac{1}{\sqrt{2}}$$

となる。運動エネルギー，ポテンシャルエネルギーに対応する行列 K, C はそれぞれ

$$K = \begin{pmatrix} 2 & 1 \\ 1 & 1 \end{pmatrix}, \ C = \begin{pmatrix} \dfrac{2g}{l} & 0 \\ 0 & \dfrac{g}{l} \end{pmatrix}$$

となる。ベクトル $a^{(i)} = \begin{pmatrix} a_1^{(i)} \\ a_2^{(i)} \end{pmatrix}$ を K により定義される内積を用いて, $(a^{(i)}, Ka^{(j)}) = \delta_{ij}$ と規格化する。

$$(a^{(1)}, Ka^{(1)}) = 2(a_1^{(1)})^2 + 2a_1^{(1)}a_2^{(1)} + (a_2^{(1)})^2 = (2-\sqrt{2})(a_2^{(1)})^2$$
$$(a^{(2)}, Ka^{(2)}) = 2(a_1^{(2)})^2 + 2a_1^{(2)}a_2^{(2)} + (a_2^{(2)})^2 = (2+\sqrt{2})(a_2^{(2)})^2$$

より

$$(a_2^{(1)})^2 = \frac{1}{2-\sqrt{2}}, \ (a_2^{(2)})^2 = \frac{1}{2+\sqrt{2}}$$

となる。また

$$(a^{(1)}, Ka^{(2)}) = 2a^{(1)}a_1^{(2)} + a_1^{(1)}a_2^{(2)} + a_2^{(1)}a_1^{(2)} + a_2^{(1)}a_2^{(2)}$$
$$= (-1 - \frac{1}{2} + \frac{1}{2} + 1)a_2^{(1)}a_2^{(2)} = 0$$

となり, $a^{(1)}$ と $a^{(2)}$ は直交する。

(3) 基準振動は

$$Q_1 = A_1 \cos(\omega_1 t + \alpha_1), \ Q_2 = A_2 \cos(\omega_2 t + \alpha_2)$$

と表される ($A_1, A_2, \alpha_1, \alpha_2$ は定数)。これを用いると解は

$$\theta_1 = a_1^{(1)} Q_1 + a_1^{(2)} Q_2 \quad (\ast\ast)$$
$$= -\sqrt{\frac{1}{2-\sqrt{2}}}\left(\frac{1}{\sqrt{2}}\right) A_1 \cos(\omega_1 t + \alpha_1)$$
$$+ \sqrt{\frac{1}{2+\sqrt{2}}}\left(\frac{1}{\sqrt{2}}\right) A_2 \cos(\omega_2 t + \alpha_2)$$
$$\theta_2 = a_2^{(1)} Q_1 + a_2^{(2)} Q_2 \quad (\ast\ast\ast)$$
$$= \sqrt{\frac{1}{2-\sqrt{2}}} A_1 \cos(\omega_1 t + \alpha_1) + \sqrt{\frac{1}{2+\sqrt{2}}} A_2 \cos(\omega_2 t + \alpha_2)$$

と表される。ラグランジアン

$$L = \frac{ml^2}{2}(2\dot{\theta}_1^2 + 2\dot{\theta}_1\dot{\theta}_2 + \dot{\theta}_2^2) - \frac{mgl}{2}(2\theta_1^2 + \theta_2^2)$$

に ($\ast\ast$), ($\ast\ast\ast$) を代入して Q_1, Q_2 で表すと

$$L = \frac{ml^2}{2}(\dot{Q}_1{}^2 + \dot{Q}_2{}^2) - \frac{mgl}{2}\left((2+\sqrt{2})Q_1{}^2 + (2-\sqrt{2})Q_2{}^2\right)$$

となり，ラグランジアンは 2 つの独立な調和振動子 Q_1, Q_2 の和で表される。最後に $Q_i \to \dfrac{Q_i}{\sqrt{ml}}$ とおくと正しく規格化される。∎

8.4　多自由度の振動

多くの自由度がある力学系において，固有方程式 (8.33) を解いてその固有振動数を具体的に求めるのは容易ではない。しかし系によい対称性がある場合は問題を解くことができる。

N 個の質量 m の質点をばね定数 k のばねでつなぎ，端点は固定しておく。

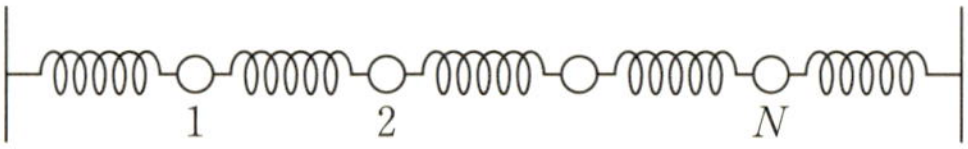

図8.3　両端を固定した N 個の質点系

j 番目の質点のつり合いの位置からの変位を ξ_j とすると，運動エネルギーと位置エネルギーはそれぞれ

$$T = \frac{1}{2}\sum_{j=1}^{N} m\dot{\xi}_j{}^2$$
$$U = \sum_{j=0}^{N} \frac{1}{2} k(\xi_{j+1} - \xi_j)^2 \tag{8.61}$$

で与えられる。ここで端を固定しているので $\xi_0 = \xi_{N+1} = 0$ と定義する。

ラグランジアンは

$$L = \frac{1}{2}\sum_{j=1}^{N} m\dot{\xi}_j{}^2 - \sum_{j=0}^{N} \frac{1}{2} k(\xi_{j+1} - \xi_j)^2 \tag{8.62}$$

で与えられ，運動方程式は

$$m\ddot{\xi}_j = -k(2\xi_j - \xi_{j+1} - \xi_{j-1}) \quad j = 1, \cdots, N \tag{8.63}$$

となる。

基準振動数を $\omega_1, \cdots, \omega_N$ とし，これに対応する基準振動解を $Q_i(t) = A_i \cos(\omega_i t + \alpha_i)$ とすると，この運動方程式の解は

$$\xi_j = \sum_{n=1}^{N} a_j^{(n)} Q_n(t) \tag{8.64}$$

と書ける。n 番目の基準振動解 $Q_n(t)$ を運動方程式 (8.63) に代入すると
$$-m\omega_n{}^2 a_j^{(n)} = -k(2a_j^{(n)} - a_{j+1}^{(n)} - a_{j-1}^{(n)}) \tag{8.65}$$
を得る。この方程式を解いて，$a_j^{(n)}$ がすべてゼロでない解になるような ω_n を決めたい。方程式 (8.65) は，j に関する漸化式として解くことができる。実際，解を $a_j^{(n)} = C_n \sin j\eta_n$ の形に仮定して (8.65) に代入すると
$$\begin{aligned} a_{j+1}^{(n)} + a_{j-1}^{(n)} - 2a_j^{(n)} &= C_n(\sin(j+1)\eta_n + \sin(j-1)\eta_n) - 2C_n \sin j\eta_n \\ &= -2C_n(1 - \cos\eta_n)\sin j\eta_n \\ &= -2(1 - \cos\eta_n)a_j^{(n)} \tag{8.66} \end{aligned}$$
より (8.65) は
$$-m\omega_n{}^2 a_j^{(n)} = -2k(1 - \cos\eta_n)a_j^{(n)} \tag{8.67}$$
となる。したがって
$$\omega_n{}^2 = \frac{2k}{m}(1 - \cos\eta_n) = \frac{4k}{m}\sin^2\frac{\eta_n}{2} \tag{8.68}$$
と表される。端点の条件は $\xi_0 = \xi_{N+1} = 0$ なので，η_n は
$$\sin(N+1)\eta_n = 0 \tag{8.69}$$
を満たす。この解として
$$(N+1)\eta_n = n\pi \quad n = 1, \cdots, N \tag{8.70}$$
と選ぶことができる。このとき固有振動数は
$$\omega_n^2 = \frac{4k}{m}\sin^2\frac{n\pi}{2(N+1)} \tag{8.71}$$
で与えられ，基準振動解 $Q_1(t)$, $\cdots$, $Q_N(t)$ は
$$Q_n(t) = A_n \cos(\omega_n t + \alpha_n) \tag{8.72}$$
で与えられる。$a_j^{(n)}$ は
$$a_j^{(n)} = C_n \sin\frac{n\pi}{(N+1)}j \tag{8.73}$$
と選ぶことができる。その直交性 (8.47) は
$$\sum_{j=1}^{N} \sin\frac{n\pi}{N+1}j \sin\frac{n'\pi}{N+1}j = \frac{N+1}{2}\delta_{nn'} \tag{8.74}$$
から導かれる。規格化定数を $C_n = \sqrt{\dfrac{2}{N+1}}$ と選ぶと
$$a_j^{(n)} = \sqrt{\frac{2}{N+1}}\sin\left(\frac{n\pi}{N+1}j\right) \tag{8.75}$$

第8章 微小振動

となり，解は

$$\xi_i(t) = \sum_{n=1}^{N} A_i^{(n)} Q_n(t)$$
$$= \sum_{n=1}^{N} \sqrt{\frac{2}{N+1}} \sin\left(\frac{n\pi}{N+1} i\right) A_n \cos(\omega_n t + \alpha_n) \tag{8.76}$$

で与えられる。

ひもの振動

この質点の数 N を無限に持っていき，かつ質点の間隔 l をゼロに持っていく極限を考えよう。このとき，単位長さあたりの質量（線密度）

$$\rho = \frac{n}{l} \tag{8.77}$$

を一定にし，さらにヤング率

$$e = kl \tag{8.78}$$

を一定に保つような極限を考える。

ラグランジアン (8.62) を

$$L = \frac{1}{2} \sum_j l \left\{ \frac{m}{l} \dot{\xi}_j^2 - \frac{1}{2} kl \left(\frac{\xi_{j+1} - \xi_j}{l} \right)^2 \right\} \tag{8.79}$$

と書き換え，$l \to 0$ の極限を考えると，質点の位置をラベルする添え字 j は連続変数 x に置き換えることができ，変数を

$$\xi_j(t) \to \xi(x, t) \tag{8.80}$$

とすることができる。さらに

$$\frac{\xi_{j+1} - \xi_j}{l} \to \frac{\partial \xi(x, t)}{\partial x}$$

$$\sum_j l \to \int dx \tag{8.81}$$

と置き換えると，ラグランジアンは

$$L = \frac{1}{2} \int dx \left\{ \left(\rho \frac{\partial \xi}{\partial t} \right)^2 - e \left(\frac{\partial \xi}{\partial x} \right)^2 \right\} \tag{8.82}$$

となる。ここで

$$\mathscr{L} = \frac{1}{2} \left\{ \rho \left(\frac{\partial \xi}{\partial t} \right)^2 - e \left(\frac{\partial \xi}{\partial x} \right)^2 \right\} \tag{8.83}$$

は単位長さあたりのラグランジアンで**ラグランジアン密度**という。

運動方程式 (8.63) は

$$\frac{m}{l}\ddot{\xi}_j = kl\,\frac{1}{l}\left(\frac{\xi_{j+1} - \xi_j}{l} - \frac{\xi_j - \xi_{j-1}}{l}\right) \tag{8.84}$$

と書ける。右辺は $l \to 0$ の極限で

$$\frac{1}{l}\left(\frac{\xi_{j+1} - \xi_j}{l} - \frac{\xi_j - \xi_{j-1}}{l}\right) \to \frac{\partial^2 \xi}{\partial x^2} \tag{8.85}$$

となるので，連続極限では運動方程式は

$$\rho\frac{\partial^2 \xi}{\partial t^2} - e\frac{\partial^2 \xi}{\partial x^2} = 0 \tag{8.86}$$

となる。これは，ひもを伝わる波の波動方程式である。

10分補講

超弦理論

点粒子の運動と同様に 1 次元に広がったひもの運動を考えることができる。われわれの世界が長さ 10^{-35} m のひもから構成されていると考えるのが**超弦理論**である。この理論により，素粒子とその間にはたらく力が解明されると期待されている。不思議なことに，このひもは 10 次元時空に住んでおり，我々の住んでいる 4 次元時空からは残りの 6 次元空間は見えないほど小さくなっていると考えられている。

章末問題

8.1 図のように，質量 m，長さ l の振り子を 2 個吊るして，その間を質

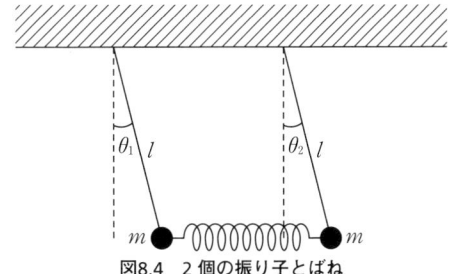

図8.4　2個の振り子とばね

量の無視できるばねでつなぐ．平衡の位置では，振り子は水平に静止している．右側の質点を静止位置に置き，左側の質点を振り子を含む鉛直面内で初速度を与える．ばねの力が弱いとして，この系の微小振動を調べよ．

8.2 一定の角速度 ω で鉛直な直径のまわりに回転する円周上（半径 a）に束縛された質点の運動を考える．
(1) ラグランジアンを求めよ．
(2) 質点の平衡位置を求めよ．ただし $g \neq a\omega^2$ とする．
(3) (2) における安定な平衡位置のまわりの微小振動を調べよ．

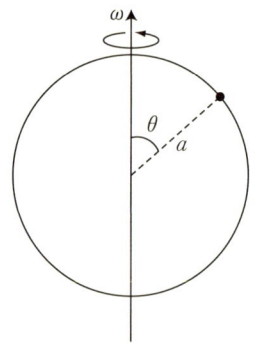

図8.5 円周上に束縛された質点

8.3 細い一様な棒（質量 M，長さ L）の一端に長さ l のひもをつけて1点から吊るす．この微小振動の固有振動数を求めよ．

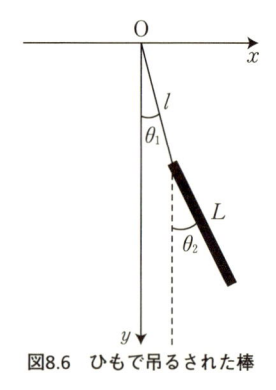

図8.6 ひもで吊るされた棒

第 9 章

これまでラグランジュの運動方程式をニュートンの運動方程式から出発して導き出し，さまざまな力学の問題に適用してきた。この章ではラグランジュの運動方程式をオイラーの変分法により，オイラー‐ラグランジュの方程式として導出する。

変分原理

9.1 オイラー方程式

汎関数

曲線 $y = f(x)$ 上の 2 点 P(a, A) から Q(b, B) $(A = f(a), B = f(b))$ までの曲線の長さ l は，線要素

$$ds = \sqrt{(dx)^2 + (dy)^2} = \sqrt{1 + \left(\frac{dy}{dx}\right)^2}\, dx$$

を $x = a$ から $x = b$ まで積分した

$$l = \int_a^b \sqrt{1 + (y')^2}\, dx \tag{9.1}$$

で与えられる。ここで $y' = \dfrac{dy}{dx}$ である。始点 P(a, A) と終点 Q(b, B) を固定し，2 点間をつなぐ曲線の形を決めると長さ l が決まる。

一般に，$x, y, y' (\equiv \dfrac{dy}{dx})$ の関数 $F(x, y, y')$ を区間 $a \leq x \leq b$ で積分した量

$$I[y] = \int_a^b F(x, y, y')\, dx \tag{9.2}$$

を考える。関数 $y = f(x)$ を定めると I の値が決まる。数 x に対して数を対応させる**関数**と区別し，この対応 $I[y]$ を関数 $y = f(x)$ の**汎関数**という。

第 9 章 変分原理

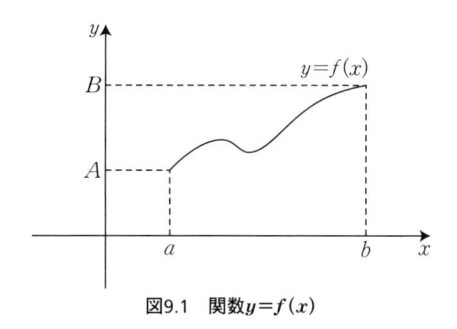

図9.1 関数 $y=f(x)$

汎関数の極値

始点 (a, A) と終点 (b, B) を固定して，関数 $y = f(x)$ の形をいろいろと変化させていく。ある関数 $y = f_m(x)$ で汎関数 I が極値（極大あるいは極小）をとったとする。このような関数を求めるのがこの章の目標である。

関数 $y = f(x)$ の極値を与える点は，$\dfrac{df}{dx} = 0$ を満たす x を求めればよい。この条件を満たす点 $x = x_0$ のまわりで x を微小変化 $x_0 \to x_0 + dx$ させたとき，$f(x)$ の変化は

$$df|_{x=x_0} = f(x_0 + dx) - f(x_0) = f'(x_0)dx = 0$$

となり，ゼロにとどまる。一般に関数 $y = f(x)$ に対し，x を $x \to x + dx$ と微小変化させたときの変位

$$dy = f(x + dx) - f(x) = \frac{df(x)}{dx}dx$$

を微分という。関数の極値ではその微分 $dy = 0$ となる。

汎関数の場合も同様に，関数 $y = f(x)$ を始点 (a, A) と終点 (b, B) を固定しつつ，形を微小変化させた関数を

$$y = f(x) + \delta y(x), \quad \delta y(x) = \varepsilon \eta(x) \tag{9.3}$$

と書く。ε は微小パラメーターであり，$\eta(x)$ は始点と終点が固定されているので

$$\eta(a) = \eta(b) = 0 \tag{9.4}$$

をみたす。

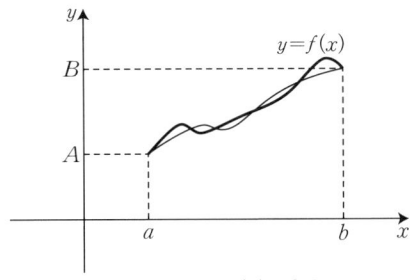

図9.2 関数 $y=f(x)$ の変分

この関数の微小変化に対する汎関数 $I[y]$ の微小変化 δI を**変分**という。
$$\delta I = I[y+\delta y] - I[y] \tag{9.5}$$
$I[y]$ が (9.2) で与えられている場合
$$I[y+\delta y] = \int_a^b F(x, y+\delta y, y'+\delta y')\,\mathrm{d}x \tag{9.6}$$
となるので，$I[y]$ の差は
$$\begin{aligned}
\delta I &= I[y+\delta y] - I[y] \\
&= \int_a^b [F(x, y+\delta y, y'+\delta y') - F(x, y, y')]\,\mathrm{d}x \\
&= \int_a^b \left(\frac{\partial F}{\partial y}\delta y + \frac{\partial F}{\partial y'}\delta y'\right)\mathrm{d}x
\end{aligned} \tag{9.7}$$
となる。$\frac{\partial F(x, y, y')}{\partial y}$ は，x, y, y' の関数である $F(x, y, y')$ を，x, y' を固定して y について偏微分することを意味する。$\delta y'$ は関数 $y=f(x)$ の変化に伴う，その導関数 y' の微小変化である。微分の定義
$$y' = \lim_{h \to 0} \frac{f(x+h) - f(x)}{h} \tag{9.8}$$
から出発すると，y の変化 $y \to y+\delta y$ に対して
$$\begin{aligned}
\delta y' &= \lim_{h \to 0} \frac{\delta y(x+h) - \delta y(x)}{h} \\
&= \frac{\mathrm{d}}{\mathrm{d}x}\delta y(x)
\end{aligned} \tag{9.9}$$
となり，δ と微分記号 $\frac{\mathrm{d}}{\mathrm{d}x}$ を入れ替えてよい。すると (9.7) の右辺第 2 項は，部分積分を行って
$$\int_a^b \frac{\partial F}{\partial y'}\delta y'\,\mathrm{d}x = \int_a^b \frac{\partial F}{\partial y'}\frac{\mathrm{d}}{\mathrm{d}x}\delta y\,\mathrm{d}x$$

$$= \left.\frac{\partial F}{\partial y'}\delta y\right|_a^b - \int_a^b \frac{\mathrm{d}}{\mathrm{d}x}\left(\frac{\partial F}{\partial y'}\right)\delta y\,\mathrm{d}x \quad (9.10)$$

と変形される．積分の両端 $x = a, b$ で $\delta y = 0$ という条件のもとで y を変化させているので，この式の右辺において

$$\left.\frac{\partial F}{\partial y'}\delta y\right|_a^b = 0 \quad (9.11)$$

となる．したがって

$$\delta I = \int_a^b \left[\frac{\partial F}{\partial y} - \frac{\mathrm{d}}{\mathrm{d}x}\left(\frac{\partial F}{\partial y'}\right)\right]\delta y\,\mathrm{d}x \quad (9.12)$$

が得られる．どのような微小変化 δy の選び方に対しても $\delta I = 0$ となるためには，$y = f(x)$ は

$$\frac{\mathrm{d}}{\mathrm{d}x}\left(\frac{\partial F}{\partial y'}\right) - \frac{\partial F}{\partial y} = 0 \quad (9.13)$$

を満たしていなければならない．これを**オイラーの方程式**という．

例9.1

xy 面内の 2 定点 P, Q を結ぶ曲線のうちで，長さが最小になるものを求めよう．

点 $\mathrm{P}(a, A)$，$\mathrm{Q}(b, B)$，2 点を結ぶ曲線を $y = f(x)$ とし，曲線の長さ

$$l = \int_a^b \sqrt{1 + (y')^2}\,\mathrm{d}x \quad (9.14)$$

が極値をとるような関数 $y = f(x)$ を求める．

$$F(x, y, y') = \sqrt{1 + (y')^2} \quad (9.15)$$

に対するオイラーの方程式は

$$\frac{\mathrm{d}}{\mathrm{d}x}\left(\frac{y'}{\sqrt{1 + (y')^2}}\right) = 0 \quad (9.16)$$

となる．これはただちに積分できて

$$\frac{y'}{\sqrt{1 + (y')^2}} = \text{一定} \quad (9.17)$$

つまり

$$y' = \text{一定} = c \quad (9.18)$$

となる．これをさらに積分して

$$y = cx + d \quad (9.19)$$

となり，解は直線となる．

例題9.1　最速降下線（ブラキストクローン）

　高さの異なる 2 点 A, B をつなぐ滑らかな曲線に沿って A から B まで滑り落ちる質点を考える。このとき滑り落ちるまでの時間が最小となるような曲線を求めよ。

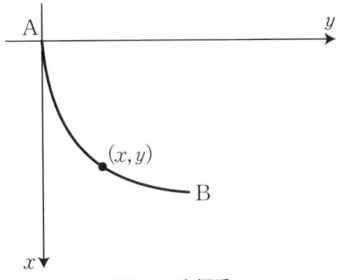

図9.3　座標系

解　図のような座標系をとる。曲線の微小距離は

$$ds = \sqrt{dx^2 + dy^2} = \sqrt{1 + (y')^2}\, dx \tag{9.20}$$

で与えられ，x における質点の速さは $v = \sqrt{2gx}$ となるので，ds だけ進むのに必要な時間 dt は

$$dt = \frac{ds}{\sqrt{2gx}} = \sqrt{\frac{1 + (y')^2}{2gx}}\, dx \tag{9.21}$$

となる。x が 0 から b まで達するのに必要な時間は

$$I = \int_0^b \sqrt{\frac{1 + (y')^2}{2gx}}\, dx \tag{9.22}$$

となる。この汎関数の極値は，

$$F(x, y, y') = \sqrt{\frac{1 + (y')^2}{2gx}} \tag{9.23}$$

に対するオイラーの方程式

$$\frac{d}{dx}\left(\frac{\partial F}{\partial y'}\right) - \frac{\partial F}{\partial y} = \frac{d}{dx}\left(\frac{1}{\sqrt{2gx}} \frac{y'}{\sqrt{1 + (y')^2}}\right) = 0 \tag{9.24}$$

の解を求めればよい。これを積分すると

$$\frac{1}{\sqrt{2gx}} \frac{y'}{\sqrt{1 + (y')^2}} = 定数 \tag{9.25}$$

となり，この定数を$\dfrac{1}{\sqrt{2g}}\dfrac{1}{\sqrt{2a}}$と置き，両辺を 2 乗すると

$$\frac{(y')^2}{x(1+(y')^2)} = \frac{1}{2a} \tag{9.26}$$

となる．これを変形すると

$$(2a - x)(y')^2 = x \tag{9.27}$$

となるので，結局

$$y' = \sqrt{\frac{x}{2a - x}} \tag{9.28}$$

を得る．変数変換 $x = a(1 - \cos\theta)$ を行うと

$$\begin{aligned}
\frac{\mathrm{d}y}{\mathrm{d}\theta} &= y'\frac{\mathrm{d}x}{\mathrm{d}\theta} \\
&= \sqrt{\frac{1-\cos\theta}{1+\cos\theta}}\, a\sin\theta \\
&= 2a\sin^2\frac{\theta}{2} = a(1-\cos\theta)
\end{aligned} \tag{9.29}$$

と変形できて

$$y = a(\theta - \sin\theta),\ x = a(1 - \cos\theta) \tag{9.30}$$

を得る．この曲線は，サイクロイド曲線と呼ばれる曲線である．

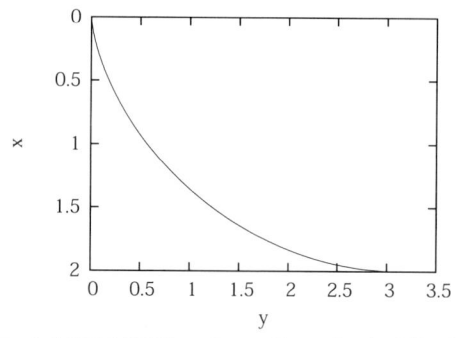

図9.4 サイクロイド曲線 $x=1-\cos\theta,\ y=\theta-\sin\theta\ (0\leq\theta\leq\pi)$

9.2　ハミルトンの原理

オイラー-ラグランジュの方程式

2個以上の関数 $y_1 = f_1(x)$, $\cdots$, $y_n = f_n(x)$ と，その導関数 $y_1' = f_1'(x)$, $\cdots$, $y_n' = f_n'(x)$ の関数

$$F(x, y_1, \cdots, y_n, y_1', \cdots, y_n')$$

の区間 $[a, b]$ での積分

$$I[y_1, \cdots, y_n] = \int_a^b F(x, y_1, \cdots, y_n, y_1', \cdots, y_n') \mathrm{d}x \tag{9.31}$$

を考える。これは $y_1, \cdots, y_n$ の汎関数である。1個の関数の場合と同様に，始点の値 $(a, f_1(a), \cdots, f_n(a))$ と終点 $(b, f_1(b), \cdots, f_n(b))$ の値を固定して，関数の形を変化させ I の極値を調べると，その変分は

$$\begin{aligned}\delta I &= \int_a^b \sum_i \left(\frac{\partial F}{\partial y_i} \delta y_i + \frac{\partial F}{\partial y_i'} \delta y_i' \right) \mathrm{d}x \\ &= \sum_i \frac{\partial F}{\partial y_i'} \delta y_i \bigg|_{x=a}^{x=b} + \int_a^b \sum_i \left(\frac{\partial F}{\partial y_i} - \frac{\mathrm{d}}{\mathrm{d}x} \left(\frac{\partial F}{\partial y_i'} \right) \right) \delta y_i \mathrm{d}x \end{aligned} \tag{9.32}$$

となる。1項目は境界条件でゼロになり，これからオイラーの方程式

$$\frac{\mathrm{d}}{\mathrm{d}x} \left(\frac{\partial F}{\partial y_i'} \right) - \frac{\partial F}{\partial y_i} = 0 \quad i = 1, \cdots, n \tag{9.33}$$

が導かれる。これは x 微分を時間微分，$y_1, \cdots, y_n$ を一般化座標，F をラグランジアンと置き換えるとラグランジュの運動方程式そのものである。

すなわち時刻 $t = t_1$ で $q_i = q_i(t_1)$, 時刻 $t = t_2$ で $q_i = q_i(t_2)$ となるような t の関数 $q_i(t)$ の中で汎関数

$$I = \int_{t_1}^{t_2} L(t, q_1, \cdots, q_n, \dot{q}_1, \cdots, \dot{q}_n) \mathrm{d}t \tag{9.34}$$

の極値であるような関数は，ラグランジュの運動方程式

$$\frac{\mathrm{d}}{\mathrm{d}t} \left(\frac{\partial L}{\partial \dot{q}_i} \right) - \frac{\partial L}{\partial q_i} = 0 \tag{9.35}$$

を満たす。したがって，この方程式は，その導出法から**オイラー-ラグランジュの方程式**という名でも呼ばれる。また，この汎関数 (9.34) を**作用**と呼ぶ。

ハミルトンの原理

「運動方程式の解が作用の極値で与えられる」ということを出発点として力学の理論体系を構成することができる。この原理は**ハミルトンの原理**あるいは**最小作用の原理**とも呼ばれる。また，電磁気学のマクスウェル方程式やアインシュタインの重力方程式など，物理学の基本法則はこうした変分の極値の問題に帰着できるので，こうした変分法に基づく物理法則の定式化を**変分原理**による定式化と呼ぶ。

9.3 束縛条件と条件付き変分問題

前節で考察した，平面内における端点を固定した曲線の長さの極値の問題を，空間中の曲線に拡張しよう。

空間中の2点 P, Q を結ぶ曲線 $r = r(u) = (x(u), y(u), z(u))$ を考える。パラメーター u の変域を $0 \leq u \leq 1$ とし，$r(0) = r_0$, $r(1) = r_1$ をそれぞれ P, Q の位置ベクトルとする。2点 P, Q を結ぶ曲線の長さは

$$l = \int_0^1 \sqrt{(r')^2}\, du, \quad r' = \frac{dr}{du} = \left(\frac{dx}{du}, \frac{dy}{du}, \frac{dz}{du}\right) \tag{9.36}$$

で与えられる。端点を固定した曲線の微小変位 $r \to r + \delta r$ に対し，曲線の長さは

$$\delta l = \int_0^1 \frac{r' \cdot \delta r'}{\sqrt{(r')^2}}\, du = -\int_0^1 \left(\frac{r'}{\sqrt{(r')^2}}\right)' \cdot \delta r\, du \tag{9.37}$$

と変化する。最後の式の変形において部分積分と端点での条件 $\delta r(0) = \delta r(1) = 0$ を使った。オイラーの方程式は

$$\left(\frac{r'}{\sqrt{(r')^2}}\right)' = 0 \tag{9.38}$$

となり，これはベクトル

$$t = \frac{r'}{\sqrt{(r')^2}} \tag{9.39}$$

が一定であることを示す。ベクトル t は曲線の接線方向の単位ベクトルを表している。

パラメーター u の代わりに，点 P から測った曲線の長さ s を新しくパラメーターにとり直すと

$$ds^2 = d\boldsymbol{r}\cdot d\boldsymbol{r}$$

より

$$\boldsymbol{t} = \frac{\dfrac{d\boldsymbol{r}}{ds}\dfrac{ds}{dt}}{\sqrt{\left(\dfrac{d\boldsymbol{r}}{ds}\right)^2}\dfrac{ds}{dt}} = \frac{d\boldsymbol{r}}{ds} \tag{9.40}$$

となる。これが定数ベクトルなので解は

$$\boldsymbol{r} = \boldsymbol{t}_0 s + \boldsymbol{r}(0), \quad \boldsymbol{t}_0 = \frac{d\boldsymbol{r}}{ds} \tag{9.41}$$

という形になる。つまりオイラーの方程式を満たす曲線は 2 点間を結ぶ直線である。平面上と同様に，空間中の 2 点を結ぶ曲線の内で最短な長さを持つものは直線である。

曲面内の 2 点を結ぶ曲線

空間中において方程式 $f(x, y, z) = 0$ で与えられる曲面を考えよう。曲面上の 2 点 P, Q を通って，この曲面上に乗っている曲線のうち長さが最小のものを求めよう。空間中の曲線の変分では，$\delta\boldsymbol{r} = (\delta x, \delta y, \delta z)$ の各成分は独立にとることができた。しかしこの場合，$\delta\boldsymbol{r}$ の各成分は自由には動かせない。このような束縛条件付きの汎関数の極値を求める問題は**条件付き変分問題**と呼ばれる。曲線の長さ l は，曲線を $\boldsymbol{r}(u) = (x(u), y(u), z(u))\,(0 \leq u \leq 1)$ でパラメーター付けすると，(9.36) 式で与えられる。その変分 (9.37) は，成分で書き表すと

$$\delta l = -\int_0^1 (t_x{}' \delta x + t_y{}' \delta y + t_z{}' \delta z) du \tag{9.42}$$

となる。ここで (9.39) で定義される単位接ベクトル $\boldsymbol{t}$ を $\boldsymbol{t} = (t_x, t_y, t_z)$ と成分で表した。

曲線上の各点 (x, y, z) は，曲面 $f(x, y, z) = 0$ 上にある。この曲線の微小変化を考えるとき，その各点も曲面上にあるように変化させたい。したがって，$(x(u), y(u), z(u))$ を微小変化させた点 $(x(u) + \delta x(u), y(u) + \delta y(u), z(u) + \delta z(u))$ も同じ曲面上にある。

$$f(x + \delta x, y + \delta y, z + \delta z) = 0 \tag{9.43}$$

これより，$\delta x, \delta y, \delta z$ は関係式

第9章 変分原理

$$\delta x \partial_x f + \delta y \partial_y f + \delta z \partial_z f = 0 \tag{9.44}$$

を満たす。$\partial_x f$ は $\dfrac{\partial f}{\partial x}$ の略記である。$f(x, y, z) = 0$ が滑らかな曲面を表している方程式のとき，曲面の法線ベクトル $(\partial_x f, \partial_y f, \partial_z f)$ はゼロではない。たとえば，$\partial_x f \neq 0$ のときを考えよう。(9.44) を $\partial_x f$ で割って δx について解くと

$$\delta x = -\frac{\delta y \partial_y f + \delta z \partial_z f}{\partial_x f} \tag{9.45}$$

となるので，(9.42) に代入すると

$$\delta l = -\int_0^1 \left\{ \left(t_y{}' - t_x{}' \frac{\partial_y f}{\partial_x f} \right) \delta y + \left(t_z{}' - t_x{}' \frac{\partial_z f}{\partial_x f} \right) \delta z \right\} \tag{9.46}$$

となる。$\delta y, \delta z$ は任意なので

$$t_y{}' - t_x{}' \frac{\partial_y f}{\partial_x f} = 0, \quad t_z{}' - t_x{}' \frac{\partial_z f}{\partial_x f} = 0 \tag{9.47}$$

を得る。これを書き直すと

$$\frac{t_y{}'}{t_x{}'} = \frac{\partial_y f}{\partial_x f}, \quad \frac{t_z{}'}{t_x{}'} = \frac{\partial_z f}{\partial_x f} \tag{9.48}$$

となる。この条件は曲線の単位接ベクトルの微分 $\boldsymbol{t}'$ が曲面の法線ベクトルと同じ方向であることを意味する。ベクトル $\boldsymbol{t}$ と $\boldsymbol{t}'$ は直交し[1]，$\boldsymbol{t}'$ は曲線の主法線方向[2]のベクトルを表す。主法線ベクトルが曲面の法線ベクトルと平行であるような曲線は，**測地線**と呼ばれる。つまり l の極値をとる曲線は曲面上の測地線となる。

例9.2　球面上の2点を結ぶ曲線

球面上の2点 P, Q を結ぶ曲線で長さが最小の曲線は2点を通る大円 (P, Q と球の中心 O を通る面と球面の交線) である。

この条件付き変分問題は，力学においては，たとえば直交座標系 $(x_1, \cdots, x_{3N})$ で，n 個の束縛条件 $f_A(x_1, \cdots, x_{3N}) = 0 \, (A = 1, \cdots, n)$ のある場合のラグランジュの運動方程式を求めるということになる。この場合，n

---

[1] $\boldsymbol{t}^2 = 1$ より，これをパラメーター u で微分して
$$\boldsymbol{t} \cdot \boldsymbol{t}' = 0 \tag{9.49}$$
となる。

[2] 空間内の曲線を，曲線上の1点から曲線に沿って測った距離 s をパラメーターとして $\boldsymbol{r} = \boldsymbol{r}(s)$ と表すとき，$\boldsymbol{t} = \dfrac{d\boldsymbol{r}(s)}{ds}$ は**接線**方向の単位ベクトル，$\boldsymbol{n} = \dfrac{1}{\rho} \dfrac{d\boldsymbol{t}}{ds} \left(\rho = \left| \dfrac{d\boldsymbol{t}}{ds} \right| \right)$ は**主法線方向の単位ベクトル**，$\boldsymbol{b} = \boldsymbol{t} \times \boldsymbol{n}$ は**従法線**方向の単位ベクトルを表す。

個の束縛条件を解いて $f = 3N - n$ 個の一般化座標 $q_1, \cdots, q_f$ を導入し
$$x_i = x_i(q_1, \cdots, q_f) \quad (i = 1, \cdots, 3N) \tag{9.50}$$
と表した後，ラグランジアン L を q と $\dot{q}$ の関数とみなして変分問題を解いたのである。これも条件付き変分問題の解法の 1 つである。

ラグランジュの未定乗数法

束縛条件のある問題では，条件式が複雑なため直接解くことが難しい場合がしばしば生じる。束縛条件を直接解かずに，条件付き変分問題を調べる方法が**ラグランジュの未定乗数法**と呼ばれる方法である。

この方法では，束縛条件により減少した自由度の数を補うだけの新たな変数 (未定乗数) を導入する。その変数は，対応するオイラー方程式が束縛条件となるようにとる。この未定乗数を元の束縛されていない座標の関数と考えることにより，束縛された座標と未定乗数の変分を，束縛されていない元の座標の変分と同一視することができる。

例として，曲面 $f(\boldsymbol{r}) = 0$ 上の 2 点を結ぶ曲線の長さ l の極値問題を再び考えよう。**ラグランジュの未定乗数** $\lambda(u)$ を導入し，l の代わりに汎関数
$$l' = \int_0^1 \left(\sqrt{(\boldsymbol{r}')^2} + \lambda(u) f(\boldsymbol{r}) \right) du \tag{9.51}$$
の停留値を考える。ただし，$\delta \boldsymbol{r}$ は束縛条件を考慮せず独立に動かす。その変分は
$$\delta l' = \int_0^1 (-\boldsymbol{t}' + \lambda \nabla f) \cdot \delta \boldsymbol{r} \, du \tag{9.52}$$
となり，オイラー方程式は
$$\boldsymbol{t}' = \lambda \nabla f \tag{9.53}$$
となる。成分で書くと
$$t_x' = \lambda \partial_x f, \ t_y' = \lambda \partial_y f, \ t_z' = \lambda \partial_z f \tag{9.54}$$
$\partial_x f \neq 0$ の場合，$\lambda = \dfrac{t_x'}{\partial_x f}$ と解き，他の方程式に代入すると，(9.47) を得る。$\boldsymbol{t}'$ は曲線の主法線方向のベクトルを表すので，(9.53) は測地線の方程式となる。

このラグランジュの未定乗数法を，力学の問題に適用してみよう。直交

座標系 $(x_1, \cdots, x_{3N})$ におけるラグランジアン $L(x, \dot{x})$ を考える。座標間に束縛条件 $f_A(x_1, \cdots, x_{3N}) = 0$ $(A = 1, \cdots, n)$ がある場合，ラグランジュの未定乗数 $\lambda_A(t)$ を導入して新たなラグランジアン

$$L' = L(x, \dot{x}) + \sum_{A=1}^{n} \lambda_A f_A(x) \tag{9.55}$$

を定義する。ラグランジアン L' から求められる $3N$ 個のオイラー–ラグランジュの運動方程式

$$\frac{\mathrm{d}}{\mathrm{d}t}\left(\frac{\partial L'}{\partial \dot{x}_i}\right) - \frac{\partial L'}{\partial x_i} = 0 \tag{9.56}$$

を解いて運動を決める。(9.55) をこの運動方程式に代入すると

$$\frac{\mathrm{d}}{\mathrm{d}t}\left(\frac{\partial L}{\partial \dot{x}_i}\right) - \frac{\partial L}{\partial x_i} = \sum_{A=1}^{n} \lambda_A \frac{\partial f_A}{\partial x_i} \tag{9.57}$$

を得る。

> **例9.3** 曲面上の質点の運動

曲面 $f(x, y, z) = 0$ 上を運動する質点のラグランジアンは，ポテンシャルを $U(x, y, z)$ として

$$L = \frac{m}{2}\dot{\boldsymbol{r}}^2 - U + \lambda f \tag{9.58}$$

で表され，ラグランジュの運動方程式は

$$m\ddot{\boldsymbol{r}} + \frac{\partial U}{\partial \boldsymbol{r}} = \lambda \frac{\partial f}{\partial \boldsymbol{r}} \tag{9.59}$$

となる。右辺は曲面の法線ベクトル $\frac{\partial f}{\partial \boldsymbol{r}}$ に垂直であり，曲面に垂直な抗力を表す。したがって，運動方程式から未定乗数 λ を求めると，曲面から受ける垂直抗力が計算できることになる。

10分補講

プラトー問題

数学における変分法の重要な例として，3次元空間内の自分自身と交わらない連続閉曲線によって囲まれる曲面の中で面積が最小なもの(極小曲面)を求めるという問題がある。これは，ベルギーの物理学者プラトーによる針金で囲まれた石鹸膜の形状の研究から提起された問題で，**プラトー問題**と呼ばれている。

章末問題

9.1 重力のもとで，球面 $x^2 + y^2 + z^2 = a^2$ を鉛直軸 (z 軸とする) のまわりに角速度 ω で回転させる。この球面内に質点を静かに置いたところ，静止し続けた。この位置を求めよ。

9.2 単振り子において，ラグランジュの未定乗数法により糸からの張力を計算せよ。

9.3 図のように，水平の位置にある2点 A, B ($x = -a, a$) を長さ L ($L > 2a$) のひもでつなぐ。ひもの重力位置エネルギーが最小になるようなひもの形を決定せよ (この曲線は**懸垂線**と呼ばれる)。

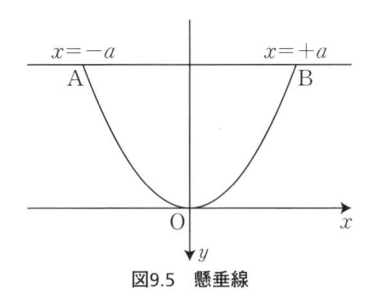

図9.5 懸垂線

第10章

ラグランジュの運動方程式の形は一般化座標のとり方によらない。実は，運動方程式はこの一般化座標の変換を含むより大きな変換（正準変換）に対する不変性を持つ。本章ではハミルトンの正準運動方程式を解説する。

ハミルトンの正準方程式

10.1　一般化座標と一般化運動量

自由度 n の力学系を考え，その一般化座標 $q_1, \cdots, q_n$ とする。ラグランジアン L は一般化座標とその時間微分 $\dot{q}_1, \cdots, \dot{q}_n$ の関数であり，ラグランジュの運動方程式は

$$\frac{\mathrm{d}}{\mathrm{d}t}\left(\frac{\partial L}{\partial \dot{q}_i}\right) - \frac{\partial L}{\partial q_i} = 0 \tag{10.1}$$

で与えられる。一般化座標 q_i に**共役な一般化運動量** p_i は

$$p_i = \frac{\partial L}{\partial \dot{q}_i} \tag{10.2}$$

で定義される。p_i は q と $\dot{q}$ の関数である。一般化運動量を用いると，ラグランジュの方程式は

$$\frac{\mathrm{d}p_i}{\mathrm{d}t} - \frac{\partial L}{\partial q_i} = 0 \tag{10.3}$$

と書かれる。q_i が**循環座標**のとき，つまりラグランジアン $L(q, \dot{q})$ が q_i を直接含まないとき，p_i は保存量となる。

一般化座標 $q_1, \cdots, q_n$ の中で $q_1, \cdots, q_m$ が循環座標とすると，それに共役な運動量

$$p_i = p_i(q_1, \cdots, q_n, \dot{q}_1, \cdots, \dot{q}_n) \quad (i = 1, \cdots, m) \tag{10.4}$$

は一定である。これから、$\dot{q}_1, \cdots, \dot{q}_m$ を $q_{m+1}, \cdots, q_n, p_1, \cdots, p_m,$ $\dot{q}_{m+1}, \cdots, \dot{q}_n$ の関数として求め、問題を $n-m$ 個の変数 $q_{m+1}, \cdots, q_n$ に関する運動方程式を解くことに帰着させることができる。

たとえ q_i が循環座標でなくとも、この考えを押し進めてみる。つまり n 個の一般化運動量

$$p_i = p_i(q_1, \cdots, q_n, \dot{q}_1, \cdots, \dot{q}_n) \quad (i = 1, \cdots, n) \tag{10.5}$$

から、$\dot{q}_i$ を、q_i と p_i の関数

$$\dot{q}_i = \dot{q}_i(q_1, \cdots, q_n, p_1, \cdots, p_n) \tag{10.6}$$

と表すのである。一方で p_i の時間変化は

$$\dot{p}_i = \frac{\partial L}{\partial q_i} \tag{10.7}$$

で与えられる。この式の右辺も q, p の関数として書けるので、各時刻で q_i と p_i の値を定めると、力学系の時間変化の様子を調べることができる。以下では、この q と p を同等な立場とみなす観点で力学の運動方程式を再検討してみる。

10.2　ルジャンドル変換

一般化運動量 p_i と $\dot{q}_i$ の間には

$$p_i = \frac{\partial L}{\partial \dot{q}_i} \tag{10.8}$$

の関係があり、この関係に基づいて、力学を記述する変数を $q, \dot{q}$ から q, p に変更したい。この変換は**ルジャンドル変換**と呼ばれる変換の一例になっている。

ルジャンドル変換

変数 $x_1, \cdots, x_r$ の関数

$$F(x_1, \cdots, x_r)$$

に基づいて、新しい変数 $y_1, \cdots, y_r$ を

第10章 ハミルトンの正準方程式

$$y_i = \frac{\partial F}{\partial x_i} \quad (i = 1, \cdots, r) \tag{10.9}$$

により導入する。これを逆に解いて $x_1, \cdots, x_r$ を $y_1, \cdots, y_r$ により

$$x_i = x_i(y_1, \cdots, y_r) \tag{10.10}$$

と表すことができるとする。

そして，変数 y_i の関数 $G(y_1, \cdots, y_r)$ を

$$G(y_1, \cdots, y_r) = \sum_{i=1}^{r} x_i y_i - F(x_1, \cdots, x_r) \tag{10.11}$$

で導入する。x_i を $y_1, \cdots, y_r$ の関数とみなすことにより，G は $y_1, \cdots, y_r$ の関数となる。変数 y_i を $y_i + \delta y_i$ と変化させると，G の微小変化は

$$\begin{aligned}\delta G &= \sum_{i=1}^{r}\sum_{j=1}^{r} \frac{\partial x_i}{\partial y_j} \delta y_j y_i + \sum_{i=1}^{r} x_i \delta y_i - \sum_{i=1}^{r}\sum_{j=1}^{r} \frac{\partial F}{\partial x_i}\frac{\partial x_i}{\partial y_j}\delta y_j \\ &= \sum_{i=1}^{r}\left\{x_i \delta y_i + \left(y_i - \frac{\partial F}{\partial x_i}\right)\sum_{j=1}^{r}\frac{\partial x_i}{\partial y_j}\delta y_j\right\}\end{aligned} \tag{10.12}$$

となる。第2項目は (10.9) によりゼロになるので

$$x_i = \frac{\partial G}{\partial y_i} \tag{10.13}$$

となる。これにより $y_1, \cdots, y_r$ から $x_1, \cdots, x_r$ への逆変換が与えられる。逆に G を用いて $x_1, \cdots, x_r$ の関数

$$\sum_{i=1}^{r} y_i x_i - G(y_1, \cdots, y_r)$$

を定義すると，これは正に出発点となる関数 F そのものである。

変換 $(x, F) \to (y, G)$ を**ルジャンドル変換**と呼び，y_i を x_i に共役な変数 (あるいは双対な変数とも) という。ルジャンドル変換を通じて，物理量をある変数 $x_1, \cdots, x_r$ による記述から共役な変数 $y_1, \cdots, y_r$ による記述に移ることができる。

関数 F がパラメーター $\alpha_1, \cdots, \alpha_s$ に依存しているとする。

$$F = F(x_1, \cdots, x_r, \alpha_1, \cdots, \alpha_s)$$

変数 $x_1, \cdots, x_r$ についてルジャンドル変換を行ったとすると，(10.11) により F の α_a に関する偏微分と G の α_a に関する偏微分は符号が反転する。

$$\frac{\partial F}{\partial \alpha_a} = -\frac{\partial G}{\partial \alpha_a} \quad (a = 1, \cdots, s) \tag{10.14}$$

10.3　ハミルトンの正準方程式

ハミルトニアン

一般化座標 $q_1, \cdots, q_n$ とその時間微分 $\dot{q}_1, \cdots, \dot{q}_n$ の関数であるラグランジアン

$$L = L(q_1, \cdots, q_n, \dot{q}_1, \cdots, \dot{q}_n)$$

について変数 $\dot{q}_i$ についてのルジャンドル変換を行う。

$$p_i = \frac{\partial L}{\partial \dot{q}_i}$$

この逆変換は

$$H(q, p) = \sum_{i=1}^{n} p_i \dot{q}_i - L(q, \dot{q}) \tag{10.15}$$

によって引き起こされる。この (q, p) の関数 H は**ハミルトニアン**または**ハミルトン関数**と呼ばれる。

例10.1　1次元単振動

単振動を記述するラグランジアン

$$L = \frac{1}{2} m \dot{x}^2 - \frac{1}{2} m \omega^2 x^2 \tag{10.16}$$

を考える。x の共役運動量 p_x は

$$p_x = \frac{\partial L}{\partial \dot{x}} = m \dot{x} \tag{10.17}$$

となり，$\dot{x}$ を p_x で表すと

$$\dot{x} = \frac{p_x}{m} \tag{10.18}$$

となる。これからハミルトニアンは

$$\begin{aligned} H &= p_x \dot{x} - L \\ &= p_x \frac{p_x}{m} - \left\{ \frac{1}{2} m \left(\frac{p_x}{m} \right)^2 - \frac{1}{2} m \omega^2 x^2 \right\} \\ &= \frac{1}{2} \frac{p_x^2}{m} + \frac{1}{2} m \omega^2 x^2 \end{aligned} \tag{10.19}$$

と求められる。

例題10.1　中心力ポテンシャル中の粒子

平面における中心力ポテンシャル中を運動する粒子のハミルトニアン

を，極座標を用いて表せ．

解 極座標 (r, θ) を用いるとラグランジアンは

$$L = \frac{m}{2}(\dot{r}^2 + r^2\dot{\theta}^2) - U(r) \tag{10.20}$$

と与えられるので，r, θ に共役な運動量は

$$p_r = \frac{\partial L}{\partial \dot{r}} = m\dot{r} \tag{10.21}$$

$$p_\theta = \frac{\partial L}{\partial \dot{\theta}} = mr^2\dot{\theta} \tag{10.22}$$

となる．ハミルトニアン H は

$$\begin{aligned} H &= p_r\dot{r} + p_\theta\dot{\theta} - L \\ &= \frac{1}{2m}\left(p_r^2 + \frac{p_\theta^2}{r^2}\right) + U(r) \end{aligned} \tag{10.23}$$

となる． ∎

例題10.2 磁場中の荷電粒子

磁場中の荷電粒子のハミルトニアンを求めよ．

解 ラグランジアンは

$$L = \frac{m}{2}\dot{\boldsymbol{r}}^2 + e\boldsymbol{A}\cdot\dot{\boldsymbol{r}} - e\Phi \tag{10.24}$$

で与えられる．共役運動量は

$$\boldsymbol{p} = \frac{\partial L}{\partial \dot{\boldsymbol{r}}} = m\dot{\boldsymbol{r}} + e\boldsymbol{A} \tag{10.25}$$

であり

$$\dot{\boldsymbol{r}} = \frac{\boldsymbol{p} - e\boldsymbol{A}}{m} \tag{10.26}$$

と解けるので，ハミルトニアンは

$$\begin{aligned} H &= \boldsymbol{p}\cdot\dot{\boldsymbol{r}} - L \\ &= \boldsymbol{p}\cdot\frac{1}{m}(\boldsymbol{p} - e\boldsymbol{A}) - \frac{1}{2m}(\boldsymbol{p} - e\boldsymbol{A})^2 - e\boldsymbol{A}\cdot\frac{1}{m}(\boldsymbol{p} - e\boldsymbol{A}) + e\Phi \\ &= \frac{1}{2m}(\boldsymbol{p} - e\boldsymbol{A})^2 + e\Phi \end{aligned} \tag{10.27}$$

となる． ∎

ハミルトニアンと全エネルギー

直交座標 $x_1, \cdots, x_n$ と一般化座標 $q_1, \cdots, q_n$ の関係式に時間が直接入らない場合，運動エネルギー T は $\dot{q}_1, \cdots, \dot{q}_n$ の 2 次式となる。このとき

$$\sum_i \frac{\partial T}{\partial \dot{q}_i} \dot{q}_i = 2T \tag{10.28}$$

が成り立つ。$p_i = \dfrac{\partial T}{\partial \dot{q}_i}$ より

$$\sum_i p_i \dot{q}_i = 2T \tag{10.29}$$

となる。つまり

$$H = 2T - L = 2T - (T - U) = T + U \tag{10.30}$$

となり，ハミルトニアン H は全エネルギーと一致する。

ハミルトンの正準方程式

ルジャンドル変換を用いることにより，ラグランジュの運動方程式を書き直すことができる。運動方程式 (10.1) を p_i, H で表すと，(10.14) により

$$\dot{p}_i + \frac{\partial H}{\partial q_i} = 0 \tag{10.31}$$

を得る。一方で一般化運動量 $p_i = \dfrac{\partial L}{\partial \dot{q}_i}$ の逆変換は

$$\dot{q}_i = \frac{\partial H}{\partial p_i} \tag{10.32}$$

で与えられる。(10.31) と (10.32) をまとめて**ハミルトンの正準方程式**という。

ラグランジュの運動方程式は，時間 t について n 個の連立 2 階常微分方程式である。これに比べ，ルジャンドル変換により得られたハミルトンの正準方程式は，$2n$ 個の 1 階常微分方程式であり，数学的には同等である。

10.4　変分原理とハミルトンの正準方程式

相空間

ラグランジアンは一般化座標 $(q_1, \cdots, q_n)$ とその時間微分の関数である。座標 $(q_1, \cdots, q_n)$ のつくる空間を**配位空間**という。一方で，ハミルトニアンは一般化座標 $(q_1, \cdots, q_n)$ とその共役運動量 $(p_1, \cdots, p_n)$ の関数である。この2種類の座標をまとめた $2n$ 次元の空間 $(q_1, \cdots, q_n, p_1, \cdots, p_n)$ を考え，これを**相空間**と呼ぶ。

ラグランジュの運動方程式の解は，作用の極値条件を満たす配位空間中の曲線として実現される。ハミルトンの正準方程式の解も同様に，作用の極値を定める方程式として定式化することができ，その解は相空間の曲線として表される。

時刻 $t = t_1$ における相空間中の点 $(q_i(t_1), p_i(t_1))$ と時刻 $t = t_2$ における相空間中の点 $(q_i(t_2), p_i(t_2))$ を結ぶ曲線 $(q_i(t), p_i(t))$ を考える。この曲線を微小変化

$$q_i \to q_i + \delta q_i$$
$$p_i \to p_i + \delta p_i \tag{10.33}$$

させて，作用

$$I = \int_{t_1}^{t_2} L\Big(q(t), \dot{q}(q(t), p(t))\Big) dt \tag{10.34}$$

の変分を計算し，その極値条件を調べる。ここでラグランジアン中の $\dot{q}$ を $(q(t), p(t))$ の関数として表している。ラグランジアンは，ルジャンドル変換により，ハミルトニアンを用いて

$$L = \sum_{i=1}^{n} p_i \dot{q}_i - H(q, p) \tag{10.35}$$

と表されている。変分 δI は

$$\delta I = \int_{t_1}^{t_2} dt \sum_i \left(\dot{q}_i \delta p_i + p_i \delta \dot{q}_i - \frac{\partial H}{\partial p_i} \delta p_i - \frac{\partial H}{\partial q_i} \delta q_i \right) \tag{10.36}$$

となる。ここで $\delta \dot{q}_i = \dfrac{d}{dt} \delta q_i$ を使うと (10.36) の第 2 項は

$$\int_{t_1}^{t_2} dt\, p_i \frac{d}{dt} \delta q_i = p_i \delta q_i \Big|_{t_1}^{t_2} - \int_{t_1}^{t_2} \dot{p}_i \delta q_i dt$$

$$= -\int_{t_1}^{t_2} \dot{p}_i \delta q_i \mathrm{d}t \tag{10.37}$$

となる。ここで $t = t_1, t_2$ で $\delta q_i(t) = 0$ を使った。結局，作用の変分は

$$\delta I = \int_{t_1}^{t_2} \sum_i \left\{ \left(\dot{q}_i - \frac{\partial H}{\partial p_i} \right) \delta p_i - \left(\dot{p}_i + \frac{\partial H}{\partial q_i} \right) \delta q_i \right\} \mathrm{d}t \tag{10.38}$$

と表される。$\delta p_i, \delta q_i$ は任意なので，その係数はゼロとならなければならない。したがって

$$\frac{\mathrm{d}q_i}{\mathrm{d}t} = \frac{\partial H}{\partial p_i}, \quad \frac{\mathrm{d}p_i}{\mathrm{d}t} = -\frac{\partial H}{\partial q_i} \tag{10.39}$$

を得る。これは確かにハミルトンの正準方程式である。

エネルギーの保存

ハミルトニアン H が t を含まず，p と q の関数 $H(q, p)$ と書けるとき，H は $q(t), p(t)$ を通して時間依存しているので，H の時間微分は

$$\begin{aligned}
\frac{\mathrm{d}H}{\mathrm{d}t} &= \sum_i \left(\frac{\partial H}{\partial p_i} \dot{p}_i + \frac{\partial H}{\partial q_i} \dot{q}_i \right) \\
&= \sum_i \left(\frac{\partial H}{\partial p_i} \left(-\frac{\partial H}{\partial q_i} \right) + \frac{\partial H}{\partial q_i} \frac{\partial H}{\partial p_i} \right) \\
&= 0
\end{aligned} \tag{10.40}$$

となる。ハミルトニアンは全エネルギーと等しかったので H が時間によらないということは，全エネルギーの保存を意味する。

例10.2 1次元の質点の運動

ポテンシャル $U(x)$ 中の1次元の質点のハミルトニアンは

$$H = \frac{p^2}{2m} + U(x) \tag{10.41}$$

であり，ハミルトンの正準方程式は

$$\dot{x} = \frac{\partial H}{\partial p} = \frac{p}{m}, \quad \dot{p} = -\frac{\partial H}{\partial x} = -\frac{\partial U}{\partial x} \tag{10.42}$$

となる。この2つの式から x についての運動方程式

$$m\ddot{x} = -\frac{\partial U}{\partial x} \tag{10.43}$$

を得る。

例題10.3 2次元中心ポテンシャル

2次元の中心力ポテンシャルのもとでの質点の運動について，ハミルトンの正準方程式を書き下せ。

解 ハミルトニアンは

$$H = \frac{1}{2m}\left(p_r^2 + \frac{p_\theta^2}{r^2}\right) + U(r) \tag{10.44}$$

で与えられるので，正準方程式は

$$\dot{r} = \frac{\partial H}{\partial p_r} = \frac{p_r}{m} \tag{10.45}$$

$$\dot{p}_r = -\frac{\partial H}{\partial r} = \frac{1}{mr^3}p_\theta^2 - \frac{\mathrm{d}U(r)}{\mathrm{d}r} \tag{10.46}$$

$$\dot{\theta} = \frac{\partial H}{\partial p_\theta} = \frac{p_\theta}{mr^2} \tag{10.47}$$

$$\dot{p}_\theta = -\frac{\partial H}{\partial \theta} = 0 \tag{10.48}$$

となる。θは循環座標である。■

例題10.4 電磁場中の荷電粒子

電磁場中の荷電粒子の運動について，ハミルトンの正準方程式を書き下せ。

解 電磁場中の荷電粒子のハミルトニアン

$$H = \frac{1}{2m}(\boldsymbol{p} - e\boldsymbol{A})^2 + e\Phi$$

に基づいて，ハミルトンの正準方程式を計算する。具体的に x 座標と共役運動量 p_x について調べてみる。まず x の時間微分 $\dot{x}$ は

$$\dot{x} = \frac{\partial H}{\partial p_x} = \frac{1}{m}(p_x - eA_x)$$

となる。p_x の時間微分は

$$\frac{\mathrm{d}p_x}{\mathrm{d}t} = -\frac{\partial H}{\partial x}$$
$$= \frac{e}{m}\left[(p_x - eA_x)\frac{\partial A_x}{\partial x} + (p_y - eA_y)\frac{\partial A_y}{\partial x} + (p_z - eA_z)\frac{\partial A_z}{\partial x}\right] - e\frac{\partial \Phi}{\partial x}$$

となる。y, z 方向も同様な式が書き下すことができ，まとめると

$$\dot{x}_i = \frac{1}{m}(p_i - eA_i)$$

$$\dot{p}_i = \frac{e}{m}(\boldsymbol{p} - e\boldsymbol{A}) \cdot \frac{\partial \boldsymbol{A}}{\partial x_i} - e\frac{\partial \Phi}{\partial x_i}$$

となる。 ∎

p_x の正準方程式に $p_x = m\dot{x} + eA_x$ を代入すると

$$\frac{\mathrm{d}}{\mathrm{d}t}(m\dot{x} + eA_x) = e\left(\dot{x}\frac{\partial A_x}{\partial x} + \dot{y}\frac{\partial A_y}{\partial x} + \dot{x}\frac{\partial A_z}{\partial x}\right) - e\frac{\partial \Phi}{\partial x}$$

と書ける。一方で A_x の時間微分は

$$\frac{\mathrm{d}}{\mathrm{d}t}A_x = \frac{\partial A_x}{\partial t} + \frac{\partial A_x}{\partial x}\dot{x} + \frac{\partial A_x}{\partial y}\dot{y} + \frac{\partial A_x}{\partial z}\dot{z} \tag{10.49}$$

となるので

$$m\ddot{x} = -e\left(\frac{\partial \Phi}{\partial x} + \frac{\partial A_x}{\partial t}\right) + e\dot{y}\left(\frac{\partial A_y}{\partial x} - \frac{\partial A_x}{\partial y}\right) + e\dot{z}\left(\frac{\partial A_z}{\partial x} - \frac{\partial A_x}{\partial z}\right) \tag{10.50}$$

となる。y 方向，z 方向の方程式も同様に計算することができ，結果をまとめると運動方程式は

$$m\ddot{\boldsymbol{r}} = -e\left(\nabla\Phi + \frac{\partial}{\partial t}\boldsymbol{A}\right) + e(\dot{\boldsymbol{r}} \times \mathrm{rot}\boldsymbol{A}) = e(\boldsymbol{E} + \dot{\boldsymbol{r}} \times \boldsymbol{B}) \tag{10.51}$$

となり，ローレンツ力の式を得る。

10.5　相空間内での運動

ハミルトンの正準方程式

$$\dot{p}_i = -\frac{\partial H}{\partial q_i}, \quad \dot{q}_i = \frac{\partial H}{\partial p_i} \tag{10.52}$$

を解き，時刻 $t = 0$ で質点系の位置 q_i と運動量 p_i を初期条件として与えると，その後の相空間内の軌跡が決まる。

質点の位置だけではなく，共役な運動量も含めた空間で軌道を表現することにより，任意の初期条件に対する質点系の可能な運動全体を一度に眺めることができる。

例10.3　**1 次元調和振動子**

$$H = \frac{p_x^2}{2m} + \frac{1}{2}m\omega^2 x^2$$

で実現される運動は，相空間 (x, p_x) の内

$$E = \frac{p_x{}^2}{2m} + \frac{1}{2}m\omega^2 x^2 \tag{10.53}$$

を満たすものである。この軌道は楕円を表す。

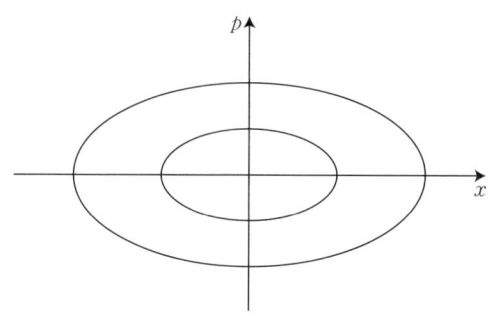

図10.1 調和振動子の相空間における軌道

リウビルの定理

相空間内の軌跡を研究する際に，ある相空間の領域が時間とともにどう変化していくかを調べる必要がしばしば生じる。

たとえば時刻 t における一般化座標と共役運動量を $(q_1(t), \cdots q_n(t), p_1(t), \cdots, p_n(t))$ とし，その点における微小体積要素

$$\mathrm{d}q_1(t)\cdots \mathrm{d}q_n(t)\mathrm{d}p_1(t)\cdots \mathrm{d}p_n(t) \tag{10.54}$$

の時間変化を調べよう。時刻 $t+\Delta t$ における微小体積要素は

$$\mathrm{d}q_1(t+\Delta t)\cdots \mathrm{d}q_n(t+\Delta t)\mathrm{d}p_1(t+\Delta t)\cdots \mathrm{d}p_n(t+\Delta t) \tag{10.55}$$

となる。時刻 $t+\Delta t$ における，一般化座標と共役運動量 $(q(t+\Delta t), p(t+\Delta t))$ は，正準方程式 (10.52) により

$$q_i(t+\Delta t) = q_i(t) + \Delta t\, \dot{q}_i(t) = q_i(t) + \Delta t\, \frac{\partial H(q(t), p(t))}{\partial p_i(t)}$$

$$p_i(t+\Delta t) = p_i(t) + \Delta t\, \dot{p}_i(t) = p_i(t) - \Delta t\, \frac{\partial H(q(t), p(t))}{\partial q_i(t)} \tag{10.56}$$

と $(q(t), p(t))$ を用いて表すことができる。したがって，2 つの微小体積要素の関係はこの変数変換のヤコビアン[1] により関係づけられる。

---

[1] n 変数 $(x_1, \cdots, x_n)$ の変換 $(x_1, \cdots, x_n) \to (y_1, \cdots, y_n)$ により体積要素は

$$\mathrm{d}y_1 \cdots \mathrm{d}y_n = J \mathrm{d}x_1 \cdots \mathrm{d}x_n, \quad J = \det\left(\frac{\partial y_i}{\partial x_j}\right)$$

と変化する。J をヤコビアンという。

$$\mathrm{d}q_1(t+\Delta t)\cdots \mathrm{d}q_n(t+\Delta t)\mathrm{d}p_1(t+\Delta t)\cdots \mathrm{d}p_n(t+\Delta t)$$
$$= J\mathrm{d}q_1(t)\cdots \mathrm{d}q_n(t)\mathrm{d}p_1(t)\cdots \mathrm{d}p_n(t) \tag{10.57}$$

ヤコビアン J は, $2n \times 2n$ 行列の行列式で

$$J = \det \begin{vmatrix} \frac{\partial q_1(t+\Delta t)}{\partial q_1(t)} & \cdots & \frac{\partial q_n(t+\Delta t)}{\partial q_1(t)} & \frac{\partial p_1(t+\Delta t)}{\partial q_1(t)} & \cdots & \frac{\partial p_n(t+\Delta t)}{\partial q_1(t)} \\ \vdots & & \vdots & \vdots & & \vdots \\ \frac{\partial q_1(t+\Delta t)}{\partial q_n(t)} & \cdots & \frac{\partial q_n(t+\Delta t)}{\partial q_n(t)} & \frac{\partial p_1(t+\Delta t)}{\partial q_n(t)} & \cdots & \frac{\partial p_n(t+\Delta t)}{\partial q_n(t)} \\ \frac{\partial q_1(t+\Delta t)}{\partial p_1(t)} & \cdots & \frac{\partial q_n(t+\Delta t)}{\partial p_1(t)} & \frac{\partial p_1(t+\Delta t)}{\partial p_1(t)} & \cdots & \frac{\partial p_n(t+\Delta t)}{\partial p_1(t)} \\ \vdots & & \vdots & \vdots & & \vdots \\ \frac{\partial q_1(t+\Delta t)}{\partial p_n(t)} & \cdots & \frac{\partial q_n(t+\Delta t)}{\partial p_n(t)} & \frac{\partial p_1(t+\Delta t)}{\partial p_n(t)} & \cdots & \frac{\partial p_n(t+\Delta t)}{\partial p_n(t)} \end{vmatrix} \tag{10.58}$$

で定義されるが, (10.56) を用いると, $n \times n$ 行列からなるブロックごとに

$$J = \det \begin{pmatrix} \delta_{ij} + \Delta t \frac{\partial^2 H}{\partial q_i \partial p_j} & -\Delta t \frac{\partial^2 H}{\partial q_i \partial q_j} \\ \Delta t \frac{\partial^2 H}{\partial p_i \partial p_j} & \delta_{ij} - \Delta t \frac{\partial^2 H}{\partial p_i \partial q_j} \end{pmatrix} \tag{10.59}$$

という形になる。行列の各ブロックの記号は, それぞれのブロックの $n \times n$ 行列の (i,j) 成分を表す。これは

$$\det(1 + \Delta t A) \tag{10.60}$$

という形の行列式であるが, Δt が無限小の場合

$$\det(1 + \Delta t A) = 1 + \Delta t\, \mathrm{tr}A + O((\Delta t)^2) \tag{10.61}$$

となる[2] ので

$$J = 1 + \Delta t \left(\sum_{i=1}^n \left\{ \frac{\partial^2 H}{\partial q_i \partial p_i} - \frac{\partial^2 H}{\partial p_i \partial q_i} \right\} \right) = 1 \tag{10.62}$$

---

[2] A が $n \times n$ 行列の場合, A を対角化し, その固有値を $\lambda_1, \cdots, \lambda_n$ とすると

$$\det(1 + \Delta t A) = \prod_{i=1}^n (1 + \Delta t \lambda_i) = 1 + \Delta t \sum_{i=1}^n \lambda_i + O((\Delta t)^2)$$

一方, $\mathrm{tr}A = \sum_i \lambda_i$ である。

となる．ヤコビアンが1となるので微小体積要素は不変である．したがって，相空間内のある有限領域内の各点が正準方程式に従って行う運動ではその領域の形は変化していくが，体積は不変に保たれる．これを**リウビルの定理**という．

10分補講　相対性理論と解析力学

ニュートンの運動方程式は，物体の速度が光速に比べ小さいときに成り立つ式である．アインシュタインは1905年，物理法則がローレンツ変換で移りあう慣性系では，運動法則が同じ形に書かれるという特殊相対性原理を提案し，光速に近い物体の運動を記述することに成功した．相対論的運動方程式は，作用が慣性系によらず不変であり，その極値が慣性系によらず同じことから導かれる．作用原理はニュートン力学を超えた力学においても有効である．

章末問題

10.1 空間における中心力ポテンシャルを運動する粒子について，極座標を用いて運動を記述する．
(1) ハミルトニアンを求めよ．
(2) ハミルトンの正準方程式を書け．

10.2 長さ l の単振り子において，鉛直線とひものなす角を θ とする．このときラグランジアンは
$$L = \frac{ml^2\dot{\theta}^2}{2} - mgl(1-\cos\theta)$$
で与えられる．
(1) ラグランジアンからハミルトニアンを計算せよ．
(2) 微小振動の場合，正準方程式を解け．
(3) 全エネルギーを E とする．微小振動の場合，運動エネルギー K

とポテンシャルエネルギー U の 1 周期 T における平均値

$$\bar{K} = \frac{1}{T} \int_0^T K \mathrm{d}t$$

$$\bar{U} = \frac{1}{T} \int_0^T U \mathrm{d}t$$

を E で表せ．

10.3 特殊相対論における質点のラグランジアンは，c を光速度として

$$L = -mc^2 \sqrt{1 - \frac{\dot{\boldsymbol{r}}^2}{c^2}} - V(\boldsymbol{r})$$

で与えられる．

(1) $\boldsymbol{r}$ に共役な運動量 $\boldsymbol{p}$ を求めよ．

(2) ハミルトニアンを求めよ．

第 11 章

この章では，正準変換，ポアソン括弧式を導入し，ハミルトンの力学の構造を詳しく調べる。保存量の意味について考察を加える。

正準変換

11.1　正準変換

点変換

一般化座標 $q_1, \cdots, q_n$ は，力学系の位置を定めることができる限りどんな座標を選んでもよい。一般化座標 $q_1, \cdots, q_n$ と別の一般化座標 $Q_1, \cdots, Q_n$ の間に

$$Q_i = Q_i(q_1, \cdots, q_n) \quad (i = 1, \cdots, n) \tag{11.1}$$

という関係がある場合，座標 q_i で表した n 個のラグランジュの運動方程式

$$\frac{\mathrm{d}}{\mathrm{d}t}\left(\frac{\partial L}{\partial \dot{q}_i}\right) - \frac{\partial L}{\partial q_i} = 0 \tag{11.2}$$

と，Q_i で表した n 個のラグランジュの運動方程式

$$\frac{\mathrm{d}}{\mathrm{d}t}\left(\frac{\partial L}{\partial \dot{Q}_i}\right) - \frac{\partial L}{\partial Q_i} = 0 \tag{11.3}$$

同士は同等である。変換 (11.1) を**点変換**といい，運動方程式のこの性質を，ラグランジュの運動方程式は点変換に関して**共変的**であるという。

それでは，ハミルトンの正準方程式は点変換のもとでどう変換するであろうか。点変換 (11.1) のもとで Q_i の時間微分は

$$\dot{Q}_i = \sum_{j=1}^{n} \frac{\partial Q_i}{\partial q_j} \dot{q}_j \tag{11.4}$$

と表される。$\dot{Q}_i$ は q と $\dot{q}$ の関数である。また，この点変換を逆に解けば

$$q_i = q_i(Q_1, \cdots, Q_n), \quad \dot{q}_i = \sum_{j=1}^{n} \frac{\partial q_i}{\partial Q_j} \dot{Q}_j \tag{11.5}$$

と表される。座標 Q におけるラグランジアンは，この変換で $q, \dot{q}$ の関数を $Q, \dot{Q}$ の関数として読み替えたものになる。

$$L(q, \dot{q}) = L(q(Q), \dot{q}(Q, \dot{Q})) \tag{11.6}$$

すると，Q_i に共役な運動量 P_i は

$$P_i = \frac{\partial L}{\partial \dot{Q}_i} = \sum_{j=1}^{n} \frac{\partial L}{\partial \dot{q}_j} \frac{\partial \dot{q}_j}{\partial \dot{Q}_i} \tag{11.7}$$

となる。一方で (11.5) より

$$\frac{\partial \dot{q}_i}{\partial \dot{Q}_j} = \frac{\partial q_i}{\partial Q_j} \tag{11.8}$$

が成り立つので，(11.7) において，q_i に共役な運動量 $p_i = \frac{\partial L}{\partial \dot{q}_i}$ を代入すると

$$P_i = \sum_{j=1}^{n} p_j \frac{\partial q_j}{\partial Q_i} \tag{11.9}$$

を得る。(Q, P) におけるハミルトニアン $H(Q, P)$ は

$$H(Q, P) = \sum_{i=1}^{n} P_i \dot{Q}_i - L \tag{11.10}$$

で定義されるが，(11.9) および (11.5) により

$$\sum_{i=1}^{n} P_i \dot{Q}_i = \sum_{i=1}^{n} \sum_{j=1}^{n} p_j \frac{\partial q_j}{\partial Q_i} \dot{Q}_i$$

$$= \sum_{j=1}^{n} p_j \dot{q}_j \tag{11.11}$$

となるので，$H(Q, P)$ は (q, p) におけるハミルトニアンと等しい。

$$H(Q, P) = H(q, p) \tag{11.12}$$

つまり，正準方程式は同等であることがわかる。

正準変換

点変換を拡張して自由度 n の力学系の一般化座標 $q_1, \cdots, q_n$ と共役な運動量 $p_1, \cdots, p_n$ の関数の n 個の組

第 11 章　正準変換

$$Q_i = Q_i(q_1, \cdots, q_n, p_1, \cdots, p_n)$$
$$P_i = P_i(q_1, \cdots, q_n, p_1, \cdots, p_n) \tag{11.13}$$

を考える。勝手な変換に関して (Q, P) がハミルトンの方程式を満たすとは限らない。変数 (Q, P) が，変換されたハミルトニアン $\mathscr{H}(Q, P)$ に関し，(q, p) と同等な正準方程式

$$\frac{dQ_i}{dt} = \frac{\partial \mathscr{H}}{\partial P_i}, \quad \frac{dP_i}{dt} = -\frac{\partial \mathscr{H}}{\partial Q_i} \tag{11.14}$$

を満たすとき，変換 $(q, p) \to (Q, P)$ を，**正準変換**[1]という。変数 (q, p) や (Q, P) を**正準変数**という。点変換は正準変換の例である。

ハミルトンの正準方程式 (11.14) は変分原理

$$\delta \int_{t_1}^{t_2} \left[\sum_i P_i \dot{Q}_i - \mathscr{H}(Q, P) \right] dt = 0 \tag{11.15}$$

から導かれる。これが

$$\delta \int_{t_1}^{t_2} \left[\sum_i p_i \dot{q}_i - H(q, p) \right] dt = 0 \tag{11.16}$$

から導かれる方程式

$$\frac{dq_i}{dt} = \frac{\partial H}{\partial p_i}, \quad \frac{dp_i}{dt} = -\frac{\partial H}{\partial q_i} \tag{11.17}$$

と同じものとなるためには，被積分項が全微分項を除き一致していなければならない。つまり

$$\sum_i p_i \dot{q}_i - H(q, p) = \sum_i P_i \dot{Q}_i - \mathscr{H}(Q, P) + \frac{dW(Q, P)}{dt} \tag{11.18}$$

の形であればよい。ここで全微分項は積分すると

$$\int_{t_1}^{t_2} dt \, \frac{dW(Q, P)}{dt} = W\bigl(Q(t), P(t)\bigr) \Big|_{t_1}^{t_2} \tag{11.19}$$

で，端点 Q, P の値を固定して変分をとるため，この項が加わっても変分には寄与しない。

母関数 $W(q, Q, t)$

　方程式 (11.18) は $4n+1$ 個の変数 q, p, Q, P, t に対する関係式であり，

---

[1]　(p, q, H) を定数倍して $(P, Q, H) = (\alpha p, \beta q, \alpha\beta H)$　$(\alpha, \beta$ は定数$)$ としても正準方程式は不変になるが，ここでは (11.18) のように $\alpha\beta = 1$ となる場合を考える。

$2n$ 個の方程式 (11.13) を解いて，残りの $2n+1$ 個の変数に対する関係式として表すことができる．変数の選び方は (q, Q, t), (q, P, t), (p, Q, t), (p, P, t) などがある．たとえば，(q, Q, t) を独立変数にとると，W は (q, Q, t) の関数とみなすことができる．このとき

$$\frac{dW}{dt} = \frac{\partial W}{\partial t} + \sum_i \frac{\partial W}{\partial q_i}\dot{q}_i + \frac{\partial W}{\partial Q_i}\dot{Q}_i \tag{11.20}$$

となる．したがって (11.18) は

$$\sum_i p_i \dot{q}_i - H(q, p) = \sum_i P_i \dot{Q}_i - \mathscr{H}(Q, P) + \frac{\partial W}{\partial t} + \sum_i \frac{\partial W}{\partial q_i}\dot{q}_i + \frac{\partial W}{\partial Q_i}\dot{Q}_i \tag{11.21}$$

となる．左辺に微分の形でまとめると

$$\sum_i \left(p_i - \frac{\partial W}{\partial q_i}\right)dq_i - \sum_i \left(P_i + \frac{\partial W}{\partial Q_i}\right)dQ_i - \left(H - \mathscr{H} + \frac{\partial W}{\partial t}\right)dt = 0 \tag{11.22}$$

となり

$$p_i = \frac{\partial W}{\partial q_i}, \quad P_i = -\frac{\partial W}{\partial Q_i}, \quad \mathscr{H} = H + \frac{\partial W}{\partial t} \tag{11.23}$$

が導かれる．このように $W(q, Q, t)$ は正準変換を作り出す関数なので，**正準変換の生成関数**あるいは**母関数**という．

W が t を直接含まない場合は，$\dfrac{\partial W}{\partial t} = 0$ となり，$\mathscr{H} = H$ を得る．つまりこの場合，ハミルトニアンは正準変換で不変である．

例題11.1 **1 次元調和振動子**

ハミルトニアンが

$$H = \frac{1}{2m}p^2 + \frac{1}{2}m\omega^2 q^2 \tag{11.24}$$

で与えられる 1 次元調和振動子に対し，母関数 (1) $W = m\omega q Q$，および (2) $W = \dfrac{m\omega q^2}{2\tan\omega Q}$ によって与えられる正準変換を求めよ．

解

(1) $W = m\omega q Q$ による正準変換は

$$p = \frac{\partial W}{\partial q} = m\omega Q$$

第11章 正準変換

$$P = -\frac{\partial W}{\partial Q} = -m\omega q \tag{11.25}$$

より

$$Q = \frac{p}{m\omega}, \quad P = -m\omega q \tag{11.26}$$

となる。これは運動量 p と座標 q を入れ替える変換となる。

(2) 母関数

$$W = \frac{m\omega q^2}{2\tan\omega Q} \tag{11.27}$$

を考えると

$$p = \frac{\partial W}{\partial q} = \frac{m\omega q}{\tan\omega Q}$$

$$\begin{aligned} P &= -\frac{\partial W}{\partial Q} = \frac{m\omega^2 q^2}{2\sin^2\omega Q} \\ &= \frac{m\omega^2 q^2}{2}\left(1 + \frac{1}{\tan^2\omega Q}\right) \\ &= \frac{m\omega^2}{2}q^2 + \frac{p^2}{2m} \end{aligned} \tag{11.28}$$

となる。正準変換後の P はハミルトニアンそのものとなる。 ■

母関数 $W'(q, P, t)$

今度は母関数 W を q, P, t の関数として表すことを考える。

$$P_i \dot{Q}_i = \frac{d}{dt}(P_i Q_i) - Q_i \dot{P}_i \tag{11.29}$$

により (11.18) を

$$\sum_i p_i \dot{q}_i - H(q, p) = -\sum_i Q_i \dot{P}_i - \mathscr{H}(Q, P) + \frac{d}{dt}\left(W(Q, P) + \sum_i P_i Q_i\right) \tag{11.30}$$

と書き直す。そこで, $W'(q, P, t) = W + \sum_i P_i Q_i$ とおくと,

$$p_i = \frac{\partial W'}{\partial q_i}, \quad Q_i = \frac{\partial W'}{\partial P_i}, \quad \mathscr{H} = H + \frac{\partial W'}{\partial t} \tag{11.31}$$

となる。この母関数によりいろいろなタイプの正準変換の例が構成できる。

例11.1　恒等変換

q と P の関数

$$W'(q,\ P) = \sum_i P_i q_i \tag{11.32}$$

を母関数とする正準変換は

$$p_i = \frac{\partial W'}{\partial q_i} = P_i$$

$$Q_i = \frac{\partial W'}{\partial P_i} = q_i \tag{11.33}$$

で与えられる。これは何も変えない恒等変換である。

例11.2　点変換

$f_i(q)$ を $q_1, \cdots, q_n$ の関数として，母関数

$$W'(q, P) = \sum_i P_i f_i(q) \tag{11.34}$$

を考える。これにより引き起こされる正準変換は

$$p_i = \frac{\partial W'}{\partial q_i} = \sum_j P_j \frac{\partial f_j}{\partial q_i} \tag{11.35}$$

$$Q_i = \frac{\partial W'}{\partial P_i} = f_i(q) \tag{11.36}$$

これは点変換の変換式である。

母関数 $W''(p, Q, t)$

独立変数として p, Q, t を用いるとき，母関数は

$$W'' = W - \sum_i p_i q_i \tag{11.37}$$

となる。正準変換は

$$q_i = -\frac{\partial W''}{\partial p_i},\ \ P_i = -\frac{\partial W''}{\partial Q_i},\ \ \mathscr{H} = H + \frac{\partial W''}{\partial t} \tag{11.38}$$

で与えられる。

母関数 $W'''(p, P, t)$

独立変数として p, P, t を用いると，母関数は

$$W''' = W + \sum_i P_i Q_i - \sum_i p_i q_i \tag{11.39}$$

で与えられ，正準変換は以下となる。

$$q_i = -\frac{\partial W'''}{\partial p_i}, \quad Q_i = \frac{\partial W'''}{\partial P_i}, \quad \mathscr{H} = H + \frac{\partial W'''}{\partial t} \tag{11.40}$$

正準変換の関係式

母関数 $W = W(q, Q, t)$ によって生成される正準変換は $(q, p) \to (Q, P)$ において

$$p_i(q, Q) = \frac{\partial W}{\partial q_i}, \quad P_i(q, Q) = -\frac{\partial W}{\partial Q_i} \tag{11.41}$$

が成り立つ。これより

$$dp_i = \sum_k \frac{\partial^2 W}{\partial q_i \partial q_k} dq_k + \sum_k \frac{\partial^2 W}{\partial q_i \partial Q_k} dQ_k,$$

$$dP_i = -\sum_k \frac{\partial^2 W}{\partial Q_i \partial q_k} dq_k - \sum_k \frac{\partial^2 W}{\partial Q_i \partial Q_k} dQ_k$$

となる。上式で $dP_i = 0$ とおいて dp_i を dQ_j で表した式と，$dp_i = 0$ とおいて dP_j を dq_i で表した式を比較すると，(q, p) の関数としての (Q, P)，あるいは (Q, P) の関数としての (q, p) についての関係式

$$\frac{\partial p_i(Q, P)}{\partial Q_j} = -\frac{\partial P_j(Q, P)}{\partial q_i} \tag{11.42}$$

が成立することがわかる。同様に，

$$\frac{\partial p_i(Q, P)}{\partial P_j} = \frac{\partial Q_j(q, p)}{\partial q_i} \tag{11.43}$$

$$\frac{\partial q_i(Q, P)}{\partial Q_j} = \frac{\partial P_j(q, p)}{\partial p_i} \tag{11.44}$$

$$\frac{\partial q_i(Q, P)}{\partial P_j} = -\frac{\partial Q_j(q, p)}{\partial p_i} \tag{11.45}$$

という関係式が得られる。この関係式は母関数 $W'(q, P, t)$，$W'''(Q, p, t)$，$W''''(p, P, t)$ を用いた正準変換でも同様に成立する。

11.2　ポアソンの括弧式

一般化座標 $(q_1, \cdots, q_n)$ とそれに共役な運動量 $(p_1, \cdots, p_n)$ と時間 t の関数を力学変数と呼ぶことにする。力学変数 $F(q, p, t)$ の時間微分は

$$\frac{dF}{dt} = \frac{\partial F}{\partial t} + \sum_{i=1}^{n}\left(\frac{\partial F}{\partial q_i}\frac{\partial q_i}{\partial t} + \frac{\partial F}{\partial p_i}\frac{\partial p_i}{\partial t}\right) \tag{11.46}$$

となる。ハミルトンの正準方程式 (11.17) を使うと次のようになる。

$$\frac{dF}{dt} = \frac{\partial F}{\partial t} + \sum_{i=1}^{n}\left(\frac{\partial F}{\partial q_i}\frac{\partial H}{\partial p_i} - \frac{\partial F}{\partial p_i}\frac{\partial H}{\partial q_i}\right) \tag{11.47}$$

ポアソンの括弧式

一般に 2 つの力学変数 $u(q, p, t)$, $v(q, p, t)$ に対し，**ポアソンの括弧式** $\{u, v\}$ を

$$\{u, v\} = \sum_{i=1}^{n}\left(\frac{\partial u}{\partial q_i}\frac{\partial v}{\partial p_i} - \frac{\partial u}{\partial p_i}\frac{\partial v}{\partial q_i}\right) \tag{11.48}$$

で定義する。すると，F の時間微分 (11.47) は

$$\frac{dF}{dt} = \frac{\partial F}{\partial t} + \{F, H\} \tag{11.49}$$

と書ける。とくに F として正準変数 q_i, p_i を考えると，ハミルトンの正準方程式をポアソンの括弧式で書き直した次の式が得られる。

$$\dot{q}_i = \{q_i, H\}$$
$$\dot{p}_i = \{p_i, H\} \tag{11.50}$$

保存量

F が時間 t を直接含まない場合は $\dfrac{\partial F}{\partial t} = 0$ なので

$$\frac{dF}{dt} = \{F, H\} \tag{11.51}$$

となる。したがって F が時間を直接含まない場合，$\{F, H\} = 0$ ならば力学変数 F は時間的に変化しない，つまり F は保存量となることがいえる。

例11.3 ハミルトニアン

ハミルトニアン $H(q, p)$ が時間 t を直接含まない場合，$\{H, H\} = 0$ となるので H は保存する。

例題11.2 中心力ポテンシャルのもとでの角運動量

3 次元の中心力ポテンシャル $U(r)$ のもとでの質点の運動において，角運動量 $\boldsymbol{L}$ が $\{\boldsymbol{L}, H\} = 0$ を満たすことを示せ。このとき $\boldsymbol{L}$ は保存量となる。

解 ハミルトニアンは

第 11 章　正準変換

$$H = \frac{\boldsymbol{p}^2}{2m} + U(r) = \frac{p_x{}^2 + p_y{}^2 + p_z{}^2}{2m} + U(r) \quad (11.52)$$

という式で与えられる。角運動量 $\boldsymbol{L} = \boldsymbol{r} \times \boldsymbol{p}$ の x 成分 $L_x = yp_z - zp_y$ について，$\{L_x, H\}$ を計算してみると

$$\frac{\mathrm{d}L_x}{\mathrm{d}t} = \{L_x, H\}$$

$$= \frac{\partial L_x}{\partial x}\frac{\partial H}{\partial p_x} - \frac{\partial L_x}{\partial p_x}\frac{\partial H}{\partial x} + \frac{\partial L_x}{\partial y}\frac{\partial H}{\partial p_y} - \frac{\partial L_x}{\partial p_y}\frac{\partial H}{\partial y} + \frac{\partial L_x}{\partial z}\frac{\partial H}{\partial p_z} - \frac{\partial L_x}{\partial p_z}\frac{\partial H}{\partial z}$$

$$= 0 - 0 + p_z\frac{p_y}{m} - (-z)\frac{\mathrm{d}U}{\mathrm{d}r}\frac{y}{r} + (-p_y)\frac{p_z}{m} - y\frac{\mathrm{d}U}{\mathrm{d}r}\frac{z}{r} = 0 \quad (11.53)$$

となる。L_y, L_z についても，同様に $\{L_y, H\} = \{L_z, H\} = 0$ となることが示される。　■

ポアソン括弧式の満たす公式

ポアソン括弧式に対して以下の公式が成り立つ。

$$\{u, v\} = -\{v, u\} \quad (11.54)$$

$$\{u, c\} = 0 \quad (c : 定数) \quad (11.55)$$

$$\{u_1 + u_2, v\} = \{u_1, v\} + \{u_2, v\} \quad (11.56)$$

この反対称性と線形性は，ポアソン括弧式の定義からただちに導かれる。次に微分の分配則を使うと

$$\{u_1 u_2, v\} = u_1\{u_2, v\} + u_2\{u_1, v\} \quad (11.57)$$

$$\frac{\partial}{\partial t}\{u, v\} = \left\{\frac{\partial u}{\partial t}, v\right\} + \left\{u, \frac{\partial v}{\partial t}\right\} \quad (11.58)$$

が成り立つことがわかる。

とくに力学変数として p_i, q_i を採用すると

$$\begin{aligned}\{u, \ p_i\} &= \frac{\partial u}{\partial q_i} \\ \{u, \ q_i\} &= -\frac{\partial u}{\partial p_i} \\ \{q_i, \ q_j\} &= \{p_i, p_j\} = 0 \\ \{q_i, \ p_j\} &= \delta_{ij}\end{aligned} \quad (11.59)$$

が成り立つ。

とくに直交座標 x_1, x_2, x_3 とその共役運動量 p_1, p_2, p_3 の交換関係を改め

て書くと
$$\{x_i, x_j\} = \{p_i, p_j\} = 0, \quad \{x_i, p_j\} = \delta_{ij} \tag{11.60}$$
となる。これは量子力学への移行を考えるときに重要な式になる。

例題11.3 中心力ポテンシャルのもとでの L^2

中心力ポテンシャルのもとでの質点の運動において L^2 が保存量であることを示せ。

解 例題 11.2 で $\{L_x, H\} = \{L_y, H\} = \{L_z, H\} = 0$ が示された。これより
$$\{L^2, H\} = 2\{L_x, H\}L_x + 2\{L_y, H\}L_y + 2\{L_z, H\}L_z = 0$$
となり、L^2 は保存する。 ■

例11.4 角運動量の交換関係

角運動量ベクトルを直交座標で表すと、その x, y, z 成分は
$$\begin{aligned} L_x &= yp_z - zp_y \\ L_y &= zp_x - xp_z \\ L_z &= xp_y - yp_x \end{aligned} \tag{11.61}$$
と表され、そのポアソン括弧式は
$$\begin{aligned} \{L_x, L_y\} &= L_z \\ \{L_y, L_z\} &= L_x \\ \{L_z, L_x\} &= L_y \end{aligned} \tag{11.62}$$
となる。これは直接ポアソン括弧式の定義に代入して確かめることもできるが、ここではポアソン括弧式の性質と x_i, p_j の括弧式から計算してみる。(x, y, z) の代わりに (x_1, x_2, x_3)、(p_x, p_y, p_z) の代わりに (p_1, p_2, p_3) という記号を用いる。こうすると、完全反対称テンソル ϵ_{ijk} を使って角運動量は
$$L_i = \sum_{j,k=1}^{3} \epsilon_{ijk}\, x_j\, p_k \tag{11.63}$$
と表される。L_i のポアソン括弧式 (11.62) は
$$\{L_i, L_j\} = \sum_{k=1}^{3} \epsilon_{ijk}\, L_k \tag{11.64}$$
と表される。(11.63) を $\{L_i, L_j\}$ に代入し、線形性を用いると

第 11 章 　正準変換

$$\{L_i, L_j\} = \sum_{k,l=1}^{3}\sum_{m,n=1}^{3} \epsilon_{ikl}\,\epsilon_{jmn}\{x_k p_l, x_m p_n\} \tag{11.65}$$

となる。ここで右辺の括弧式は分配則 (11.57) と反対称性を使って

$$\begin{aligned}\{x_k p_l, x_m p_n\} &= x_k\{p_l, x_m p_n\} + \{x_k, x_m p_n\} p_l \\ &= x_k\{p_l, p_n\} x_m + x_k\{p_l, x_m\} p_n \\ &\quad + \{x_k, x_m\} p_n p_l + x_m\{x_k, p_n\} p_l \end{aligned} \tag{11.66}$$

と展開できる。ここで (11.60) を適用すると

$$\{x_k p_l, x_m p_n\} = -\delta_{lm}\, x_k\, p_n + \delta_{kn}\, x_m\, p_l \tag{11.67}$$

となるので，(11.65) に代入すると

$$\{L_i, L_j\} = \sum_{k,l=1}^{3}\sum_{n=1}^{3} -\epsilon_{ikl}\,\epsilon_{jln}\, x_k\, p_n + \sum_{k,l=1}^{3}\sum_{m=1}^{3} \epsilon_{ikl}\,\epsilon_{jmk}\, x_m\, p_l \tag{11.68}$$

となる。ここで完全反対称テンソルの性質

$$\sum_{i=1}^{3} \epsilon_{ikl}\,\epsilon_{imn} = \delta_{km}\delta_{ln} - \delta_{kn}\delta_{lm} \tag{11.69}$$

を使って，和を計算すると

$$\{L_i, L_j\} = x_i p_j - x_j p_i \tag{11.70}$$

となることがわかる。一方で (11.64) の右辺に，L_k を x, p で表した式を代入し，さらに (11.69) を用いると

$$\begin{aligned}\sum_{k=1}^{3} \epsilon_{ijk} L_k &= \sum_{k=1}^{3}\sum_{m,n=1}^{3} \epsilon_{ijk}\,\epsilon_{kmn}\, x_m\, p_n \\ &= \sum_{k=1}^{3}\sum_{m,n=1}^{3} (\delta_{im}\delta_{jn} - \delta_{in}\delta_{jm}) x_m p_n \\ &= x_i p_j - x_j p_i \end{aligned} \tag{11.71}$$

となる。したがって式 (11.64) が証明できた。

例題11.4　角運動量のポアソン括弧

L_i のポアソン括弧式 $\{L_i, L_j\} = \sum_{k=1}^{3} \epsilon_{ijk} L_k$ に基づいて $\{\boldsymbol{L}^2, L_i\} = 0$ を示せ。

解　たとえば

$$\begin{aligned}\{\boldsymbol{L}^2, L_1\} &= 2L_1\{L_1, L_1\} + 2L_2\{L_2, L_1\} + 2L_3\{L_3, L_1\} \\ &= 0 + 2L_2(-L_3) + 2L_3(L_2) = 0\end{aligned}$$

となる。他の場合も同様に示すことができる。■

ヤコビの恒等式

力学変数 u, v, w に対し

$$\{u, \{v, w\}\} + \{v, \{w, u\}\} + \{w, \{u, v\}\} = 0 \tag{11.72}$$

が成り立つ。この式を**ヤコビの恒等式**という。この式の証明は後にして，まずこの恒等式から導かれる結果について述べよう。

とくに $w = H$ とおくと，(11.72) は

$$\{u, \{v, H\}\} + \{v, \{H, u\}\} + \{H, \{u, v\}\} = 0 \tag{11.73}$$

となる。したがって u, v が保存量つまり $\{H, u\} = 0$, $\{H, v\} = 0$ ならば，$\{H, \{u, v\}\} = 0$ がいえる。すなわち $\{u, v\}$ も保存量となる。このように，代数的な計算だけから保存量を構成できるのが，ポアソン括弧式の強みである。

例11.5 **中心力ポテンシャルのもとでの角運動量の保存**

中心力ポテンシャルのもとで角運動量 L_x, L_y, L_z とハミルトニアン H のポアソン括弧式を考える。L_x, L_y が計算により $\{L_x, H\} = 0$, $\{L_y, H\} = 0$ が示されたとする。このとき，ヤコビの恒等式により，残りの式，$\{L_z, H\} = 0$ が成り立つ。

ヤコビの恒等式の証明

ヤコビの恒等式を証明しよう。まず (11.72) の第 1 項目をポアソン括弧の定義に従って計算してみると

$$\begin{aligned}
\{u, \{v, w\}\} &= \sum_i \left(\frac{\partial u}{\partial q_i} \frac{\partial \{v, w\}}{\partial p_i} - \frac{\partial u}{\partial p_i} \frac{\partial \{v, w\}}{\partial q_i} \right) \\
&= \sum_i \sum_j \frac{\partial u}{\partial q_i} \frac{\partial}{\partial p_i} \left(\frac{\partial v}{\partial q_j} \frac{\partial w}{\partial p_j} - \frac{\partial v}{\partial p_j} \frac{\partial w}{\partial q_j} \right) \\
&\quad - \frac{\partial u}{\partial p_i} \frac{\partial}{\partial q_i} \left(\frac{\partial v}{\partial q_j} \frac{\partial w}{\partial p_j} - \frac{\partial v}{\partial p_j} \frac{\partial w}{\partial q_j} \right)
\end{aligned} \tag{11.74}$$

となる。さらに微分を続けてみると

$$\begin{aligned}
&\{u, \{v, w\}\} \\
&= \sum_i \sum_j \frac{\partial u}{\partial q_i} \left(\frac{\partial^2 v}{\partial p_i \partial q_j} \frac{\partial w}{\partial p_j} + \frac{\partial v}{\partial q_j} \frac{\partial^2 w}{\partial p_i \partial p_j} - \frac{\partial^2 v}{\partial p_i \partial p_j} \frac{\partial w}{\partial q_j} - \frac{\partial v}{\partial p_j} \frac{\partial^2 w}{\partial p_i \partial q_j} \right) \\
&\quad - \frac{\partial u}{\partial p_j} \left(\frac{\partial^2 v}{\partial q_i \partial q_j} \frac{\partial w}{\partial p_j} + \frac{\partial v}{\partial q_j} \frac{\partial^2 w}{\partial q_i \partial p_j} - \frac{\partial^2 v}{\partial q_i \partial p_j} \frac{\partial w}{\partial q_j} - \frac{\partial v}{\partial p_j} \frac{\partial^2 w}{\partial q_i \partial q_j} \right) \tag{11.75}
\end{aligned}$$

という形になる。(11.72) の残りの項は (u, v, w) を巡回的に置換して得られる。したがって，ポアソン括弧式を評価した各項は，力学変数 u, v, w のどれかの2階微分と残りの変数の1階微分の積の形をしている。そこで，たとえば v の2階微分項について注目し，その和がゼロになることを確かめてみればよい。u, v, w に対し巡回的なので，1つの変数について確かめれば，他の変数についても同様に成り立つことが自動的にわかるからである。

さらに，v の2階微分を含む項は，(11.72) の左辺において第1項と第3項目のみであることがわかる。したがって，(11.75) で $(u, v, w) \to (w, u, v)$ と入れ替えた式

$$\{w, \{u, v\}\}$$
$$= \sum_i \sum_j \frac{\partial w}{\partial q_i} \left(\frac{\partial^2 u}{\partial p_i \partial q_j} \frac{\partial v}{\partial p_j} + \frac{\partial u}{\partial q_j} \frac{\partial^2 v}{\partial p_i \partial p_j} - \frac{\partial^2 u}{\partial p_i \partial p_j} \frac{\partial v}{\partial q_j} - \frac{\partial u}{\partial p_j} \frac{\partial^2 v}{\partial p_i \partial q_j} \right)$$
$$- \frac{\partial w}{\partial p_i} \left(\frac{\partial^2 u}{\partial q_i \partial q_j} \frac{\partial v}{\partial p_j} + \frac{\partial u}{\partial q_j} \frac{\partial^2 v}{\partial q_i \partial p_j} - \frac{\partial^2 u}{\partial q_i \partial p_j} \frac{\partial v}{\partial q_j} - \frac{\partial u}{\partial p_j} \frac{\partial^2 v}{\partial q_i \partial q_j} \right) \quad (11.76)$$

からくる v の2階微分項を足し合わせるだけでよい。$\frac{\partial^2 v}{\partial p_i \partial p_j}$ の係数は

$$-\frac{\partial u}{\partial q_j} \frac{\partial w}{\partial q_i} + \frac{\partial w}{\partial q_i} \frac{\partial u}{\partial q_j}$$

となり，添え字 i, j について和をとる際に，i と j を交換して和をとってもよい。その結果はゼロとなる。$\frac{\partial^2 v}{\partial q_i \partial q_j}$ の係数は

$$-\frac{\partial u}{\partial p_i} \frac{\partial w}{\partial p_j} + \frac{\partial w}{\partial p_i} \frac{\partial u}{\partial p_j}$$

となり，同様の理由で和をとった結果はゼロになる。最後に $\frac{\partial^2 v}{\partial p_i \partial q_j}$ の係数は

$$\frac{\partial u}{\partial q_i} \frac{\partial w}{\partial p_j} + \frac{\partial u}{\partial p_j} \frac{\partial w}{\partial q_i} - \frac{\partial w}{\partial q_j} \frac{\partial u}{\partial p_i} - \frac{\partial w}{\partial p_j} \frac{\partial u}{\partial q_i}$$

となり，足し合わせるとゼロになる。これでヤコビの恒等式の証明が終わった。

11.3　正準変換とポアソンの括弧式

ハミルトンの正準方程式は正準変換のもとで共変的であることを見てき

た。正準変換のもとで共変的な定式化ができると，正準変数のとり方によらない一般的な結果が得られることが期待できる。一方で，ポアソン括弧式の定義 (11.48) は，座標のとり方に依存しているように見える。そこで (q, p) に基づくポアソン括弧式を $\{u, v\}_{(qp)}$ というように，定義に使う座標を明示して書くことにする。しかし実は正準変換 $(q, p) \to (Q, P)$ に対して

$$\{u, v\}_{(qp)} = \{u, v\}_{(QP)} \tag{11.77}$$

が成り立つ。つまり，ポアソン括弧式は正準変換に関して不変であることが証明される。

これを示すために，正準変数のポアソン括弧式が，正準変換のもとでどうなるかについてまず議論する。q_i と q_j の (Q, P) におけるポアソン括弧式は

$$\{q_i, q_j\}_{(QP)} = \sum_k \left(\frac{\partial q_i}{\partial Q_k} \frac{\partial q_j}{\partial P_k} - \frac{\partial q_i}{\partial P_k} \frac{\partial q_j}{\partial Q_k} \right) \tag{11.78}$$

となる。ここで (11.44) と (11.45) を用いると

$$\{q_i, q_j\}_{(QP)} = \sum_k \left(-\frac{\partial q_i}{\partial Q_k} \frac{\partial Q_k}{\partial p_j} - \frac{\partial q_i}{\partial P_k} \frac{\partial P_k}{\partial p_j} \right) \tag{11.79}$$

となる。これは微分 $-\dfrac{\partial q_i}{\partial p_j}$ を合成関数の微分の公式を使って表現した式そのもので，これを評価した結果はゼロとなる。したがって

$$\{q_i, q_j\}_{(QP)} = 0 \tag{11.80}$$

が示される。同様に，$\{p_i, p_j\}_{(QP)}$ は (11.42) と (11.43) を用いると

$$\begin{aligned}\{p_i, p_j\}_{(QP)} &= \sum_k \left(\frac{\partial p_i}{\partial Q_k} \frac{\partial p_j}{\partial P_k} - \frac{\partial p_i}{\partial P_k} \frac{\partial p_j}{\partial Q_k} \right) \\ &= \sum_k \left(\frac{\partial p_i}{\partial Q_k} \frac{\partial Q_k}{\partial q_j} + \frac{\partial p_i}{\partial P_k} \frac{\partial P_k}{\partial q_j} \right) \\ &= \frac{\partial p_i}{\partial q_j} = 0 \end{aligned} \tag{11.81}$$

となることがわかる。最後に $\{q_i, p_j\}_{(QP)}$ は (11.42) と (11.43) より

$$\begin{aligned}\{q_i, p_j\}_{(QP)} &= \sum_k \left(\frac{\partial q_i}{\partial Q_k} \frac{\partial p_j}{\partial P_k} - \frac{\partial q_i}{\partial P_k} \frac{\partial p_j}{\partial Q_k} \right) \\ &= \sum_k \left(\frac{\partial q_i}{\partial Q_k} \frac{\partial Q_k}{\partial q_j} + \frac{\partial q_i}{\partial P_k} \frac{\partial P_k}{\partial q_j} \right)\end{aligned}$$

$$= \frac{\partial q_i}{\partial q_j} = \delta_{ij} \tag{11.82}$$

となる。この結果をまとめると、(Q, P) を用いた正準変数 (q, p) のポアソン括弧式は、(q, p) に基づく括弧式と同じ結果を与えることがわかった。

$$\{q_i, q_j\}_{(QP)} = \{p_i, p_j\}_{(QP)} = 0, \ \{q_i, p_j\}_{(QP)} = \delta_{ij} \tag{11.83}$$

逆に $(Q, P) \to (q, p)$ も正準変換なので、正準変数 (Q, P) の (q, p) に基づくポアソン括弧式も不変になる。つまり

$$\{Q_i, Q_j\}_{(qp)} = \{P_i, P_j\}_{(qp)} = 0, \quad \{Q_i, P_j\}_{(qp)} = \delta_{ij} \tag{11.84}$$

が成り立つ。

この正準変数のポアソン括弧式を計算しておくと、任意の力学変数に対する括弧式を計算するのに便利である。力学変数 u, v の (Q, P) に基づくポアソン括弧式は

$$\{u, v\}_{(QP)} = \sum_k \left(\frac{\partial u}{\partial Q_k} \frac{\partial v}{\partial P_k} - \frac{\partial u}{\partial P_k} \frac{\partial v}{\partial Q_k} \right) \tag{11.85}$$

で与えられる。これに

$$\begin{aligned} \frac{\partial u}{\partial Q_k} &= \sum_i \left(\frac{\partial u}{\partial q_i} \frac{\partial q_i}{\partial Q_k} + \frac{\partial u}{\partial p_i} \frac{\partial p_i}{\partial Q_k} \right) \\ \frac{\partial v}{\partial P_k} &= \sum_j \left(\frac{\partial v}{\partial q_j} \frac{\partial q_j}{\partial P_k} + \frac{\partial v}{\partial p_j} \frac{\partial p_j}{\partial P_k} \right) \end{aligned} \tag{11.86}$$

を代入すると

$$\begin{aligned} \{u, v\}_{(QP)} = \sum_{i,j} &\left(\frac{\partial u}{\partial q_i} \frac{\partial v}{\partial q_j} \{q_i, q_j\}_{(QP)} + \frac{\partial u}{\partial p_i} \frac{\partial v}{\partial p_j} \{p_i, p_j\}_{(QP)} \right. \\ &\left. + \frac{\partial u}{\partial q_i} \frac{\partial v}{\partial p_j} \{q_i, p_j\}_{(QP)} + \frac{\partial u}{\partial p_i} \frac{\partial v}{\partial q_j} \{p_i, q_j\}_{(QP)} \right) \end{aligned} \tag{11.87}$$

を得る。そこで (11.83) を使うとこの式の右辺は

$$\sum_i \left(\frac{\partial u}{\partial q_i} \frac{\partial v}{\partial p_i} - \frac{\partial u}{\partial p_i} \frac{\partial v}{\partial q_i} \right)$$

となり

$$\{u, v\}_{(QP)} = \{u, v\}_{(qp)} \tag{11.88}$$

を得る。逆に任意の力学変数 u, v に対して (11.88) が成り立てば、(u, v) を正準変数とすることにより、(11.83) が成り立つ。つまり、(11.88) と (11.83) は同値な条件であることがわかる。

以上により、ポアソン括弧式の値は正準座標 (q, p) の選び方によらず

定まるので，(qp) という添え字をとり除き，改めて $\{u, v\}$ と書くことができる。

11.4 対称性と保存量

無限小変換

恒等変換から微小だけずれた変換の母関数
$$W' = \sum_i P_i q_i + \varepsilon S(P, q) \tag{11.89}$$
を考えると（ε は微小パラメーター），
$$\begin{aligned} p_i &= \frac{\partial W'}{\partial q_i} = P_i + \varepsilon \frac{\partial S}{\partial q_i} \\ Q_i &= \frac{\partial W'}{\partial P_i} = q_i + \varepsilon \frac{\partial S}{\partial P_i} \end{aligned} \tag{11.90}$$
となり，ε の最低次で
$$\begin{aligned} Q_i &= q_i + \varepsilon \frac{\partial S(p, q)}{\partial p_i} \\ P_i &= p_i - \varepsilon \frac{\partial S(p, q)}{\partial q_i} \end{aligned} \tag{11.91}$$
という変換を得る。これを S で生成される無限小正準変換という。

> **例11.6** 空間の並進

直交座標 x と共役運動量 p に対して $S = p$ とすると，この無限小変換 $(x, p) \to (X, P)$ は
$$\begin{aligned} X &= x + \varepsilon \\ P &= p \end{aligned} \tag{11.92}$$
となり，この正準変換は x を ε だけずらす変換である。運動量 p は x 方向の無限小変換を生成する。

> **例11.7** 時間方向の並進

ハミルトニアンを H とし，$S = H$ とおくと，この無限小変換 $(x, p) \to (X, P)$ は
$$X = x + \varepsilon \frac{\partial H}{\partial p} = x + \varepsilon \dot{x}$$

$$P = p - \varepsilon \frac{\partial H}{\partial x} = p + \varepsilon \dot{p} \tag{11.93}$$

となる。これと時刻 $t+\varepsilon$ における x, p の t のまわりのテイラー展開の式

$$\begin{aligned} x(t+\varepsilon) &= x(t) + \varepsilon \dot{x} + \cdots \\ p(t+\varepsilon) &= p(t) + \varepsilon \dot{p} + \cdots \end{aligned} \tag{11.94}$$

と比べると

$$\begin{aligned} X &= x(t+\varepsilon) \\ P &= p(t+\varepsilon) \end{aligned} \tag{11.95}$$

となる。つまりハミルトニアンは時間の無限小並進変換を生成する。

例11.8 空間の回転

空間の直交座標 (x, y, z) とその共役運動量 (p_x, p_y, p_z) を考える。S として角運動量 $L_z = xp_y - yp_x$ を採用すると、無限小変換 $(x, y, z, p_x, p_y, p_z) \to (x', y', z', p_x', p_y', p_z')$ は

$$\begin{aligned} x' &= x - \varepsilon y \\ y' &= y + \varepsilon x \\ z' &= z \end{aligned} \tag{11.96}$$

および

$$\begin{aligned} p_x' &= p_x - \varepsilon p_y \\ p_y' &= p_y + \varepsilon p_x \\ p_z' &= p_z \end{aligned} \tag{11.97}$$

で与えられる。これは z 軸まわりの無限小回転 (4.39) を与える。

無限小変換とポアソン括弧

正準変数 (q, p) の関数である力学変数 $F(q, p)$ に対して、変換後の (Q, P) を代入した値 $F(Q, P)$ との差を $\delta F(q, p)$ と定義する。

$$\delta F = F(Q, P) - F(q, p) \tag{11.98}$$

(11.91) を代入して ε で展開すると

$$\begin{aligned} \delta F &= F\left(q + \varepsilon \frac{\partial S}{\partial p}, \ p - \varepsilon \frac{\partial S}{\partial q}\right) - F(q, p) \\ &= \varepsilon \sum_i \left(\frac{\partial F}{\partial q_i} \frac{\partial S}{\partial p_i} - \frac{\partial F}{\partial p_i} \frac{\partial S}{\partial q_i} \right) \end{aligned} \tag{11.99}$$

となる。この結果はポアソン括弧 $\{F, S\}$ を使い
$$\delta F = \varepsilon \{F, S\} \tag{11.100}$$
と書ける。たとえば $F = q_i, p_i$ とすると
$$\begin{aligned} \delta q_i &= Q_i - q_i = \varepsilon \{q_i, S\} \\ \delta p_i &= P_i - p_i = \varepsilon \{p_i, S\} \end{aligned} \tag{11.101}$$
となる。

ハミルトニアンの無限小変換

F としてハミルトニアン $H(q, p)$ をとってみよう。ハミルトニアンの無限小変換は
$$\delta H = H(Q, P) - H(q, p) = \epsilon \{H, S\} \tag{11.102}$$
で与えられる。一方で，S の時間微分はポアソン括弧を使って
$$\frac{\mathrm{d}S}{\mathrm{d}t} = \{S, H\} \tag{11.103}$$
で与えられる。したがって
$$\delta H = -\varepsilon \frac{\mathrm{d}S}{\mathrm{d}t} \tag{11.104}$$
という関係式が得られる。これにより，もし S によって生成される無限小変換がハミルトニアンを不変にする ($\delta H = 0$) ならば，$\frac{\mathrm{d}S}{\mathrm{d}t} = 0$ となり S は保存量となるということがわかる。こうして時間および空間の対称性と保存量を明快な形で対応させることができる。

10分補講　南部括弧式

ポアソン括弧式は，相空間上の2個の関数で決まり，相空間は，一般化座標 q とその共役運動量のペアからなる偶数次元の空間である。南部陽一郎 (2008年ノーベル物理学賞受賞) は 1973 年に発表した論文で，奇数次元の空間でもポアソン括弧が拡張されることを示した。これは3個の関数に対して定まる括弧式である。たとえば3次元座標 (x_1, x_2, x_3) の関数 f, g, h に対し南部括弧式は，ϵ_{ijk} を完全反対称記号として

第 11 章　正準変換

$$\{f, g, h\} = \sum_{i,j=1}^{3} \epsilon_{ijk} \frac{\partial f}{\partial x_i} \frac{\partial g}{\partial x_j} \frac{\partial h}{\partial x_k}$$

で定義される。実はこまに関するオイラーの方程式は南部括弧式を使って書かれる。現在，素粒子論の最前線にも現れ活躍している南部括弧式は将来の解析力学の必須事項になるかもしれない。

章末問題

11.1 角運動量ベクトル

$$\boldsymbol{L} = \boldsymbol{r} \times \boldsymbol{p}$$

について

(1) $\boldsymbol{L}$ の 2 乗 $\boldsymbol{L}^2$ を極座標の正準変数を用いて表せ。

(2) L_3 を極座標の正準変数を用いて表せ。

11.2 調和振動子のハミルトニアン (10.19) において，複素変数

$$a = \sqrt{\frac{m\omega}{2}} x + \frac{i}{\sqrt{2m\omega}} p_x$$

$$a^* = \sqrt{\frac{m\omega}{2}} x - \frac{i}{\sqrt{2m\omega}} p_x \qquad (*)$$

を導入する。

(1) ハミルトニアン H が $H = \omega a^* a$ と書けることを示せ。

(2) 正準方程式が

$$\dot{a} = -i \frac{\partial H}{\partial a^*}, \quad \dot{a}^* = i \frac{\partial H}{\partial a}$$

と書けることを示し，この方程式を解け。

(3) ポアソンの括弧式 $\{a, a^*\}$ を計算せよ。

第 12 章

正準変換を活用することで，運動方程式をより一般的な形で定式化し，それを解く手続きが与えられる。

ハミルトン-ヤコビの方程式

12.1　作用と正準変換

一般化座標 $q = (q_1, \cdots, q_n)$ とその微分 $\dot{q}$ の関数であるラグランジアン $L(q, \dot{q}, t)$ を時刻 $t = t_1$ から $t = t_2$ まで積分した量

$$S = \int_{t_1}^{t_2} L(q, \dot{q}, t)\,\mathrm{d}t \tag{12.1}$$

を作用と呼んだ (9.2 節 (9.34) 式参照，ここでは I の代わりに S と書くことにする)。作用は $q_i(t)$ の汎関数で，その極値がオイラー-ラグランジュの方程式

$$\frac{\mathrm{d}}{\mathrm{d}t}\left(\frac{\partial L}{\partial \dot{q}_i}\right) - \frac{\partial L}{\partial q_i} = 0 \tag{12.2}$$

の解，つまり運動方程式の解となる。

運動方程式の解 $q_i = q_i(t)$ を作用に代入してみる。すると $q(t)$ の形は時刻 $t = t_1$ における初期条件 $q_i(t_1), \dot{q}_i(t_1)$ により決定され，さらに積分の上端 $t = t_2$ を定めると S の値は決まる。

$t = t_2$ における q_i の値 $q_i(t_2)$ は初期条件により決まるが，逆に $q_i(t_2)$ を定めると，それに見合うような初期速度 $\dot{q}_i(t_1)$ を決めることができる。つまり，運動方程式の解を代入した作用は $t = t_1$ における q_i の値 $q_i(t_1) = q_i^{(1)}$

と $t=t_2$ における値 $q_i(t_2) = q_i^{(2)}$ の関数とみなすことができる。
$$S = S(t_1, q^{(1)}; t_2, q^{(2)}) \tag{12.3}$$
　ここで，時刻 t_1, t_2 を固定し $q_i^{(1)}, q_i^{(2)}$ を微小変化させたときの作用 S の変化を調べよう。このとき，運動方程式の解の時刻 t における値も $q(t) \to q(t) + \delta q(t)$ と変化するので，δS は

$$\delta S = \int_{t_1}^{t_2} \sum_{i=1}^{n} \left(\frac{\partial L}{\partial \dot{q}_i} \delta \dot{q}_i + \frac{\partial L}{\partial q_i} \delta q_i \right) dt \tag{12.4}$$

となるが，$\delta \dot{q}_i = \frac{d}{dt} \delta q_i$ を用いて部分積分を行うと

$$\delta S = \sum_{i=1}^{n} \frac{\partial L}{\partial \dot{q}_i} \delta q_i \bigg|_{t_1}^{t_2} + \int_{t_1}^{t_2} \sum_{i=1}^{n} \left(\frac{\partial L}{\partial q_i} - \frac{d}{dt} \left(\frac{\partial L}{\partial \dot{q}_i} \right) \right) \delta q_i dt \tag{12.5}$$

と書ける。第2項はオイラー-ラグランジュの方程式によりゼロとなる。
　したがって

$$\delta S = \sum_{i=1}^{n} p_i^{(2)} \delta q_i^{(2)} - p_i^{(1)} \delta q_i^{(1)} \tag{12.6}$$

を得る。$p_i = \frac{\partial L}{\partial \dot{q}_i}$ は q_i の共役運動量である。これを書き直すと

$$p_i^{(2)} = \frac{\partial S}{\partial q_i^{(2)}}, \quad p_i^{(1)} = -\frac{\partial S}{\partial q_i^{(1)}} \tag{12.7}$$

となる。これを正準変数 $(q^{(1)}, p^{(1)})$ から $(q^{(2)}, p^{(2)})$ への変換とみなすと，作用 S はこの変換の母関数となり，この変換は正準変換となる。これは (11.23) において $(q^{(1)}, p^{(1)}) = (Q, P)$, $(q^{(2)}, p^{(2)}) = (q, p)$, $S = W$ と置いたものに対応している。さらにこの変換は，時間 $t = t_1$ から $t = t_2$ に時間推進したときの正準変換を表している。
　さて，今度は始点の値 $t_1, q^{(1)}$ を固定して，S を $t_2, q^{(2)}$ の関数とみなす。この変数を改めて $t = t_2$, $q_i = q_i^{(2)}$ と書き直す。今度は，q_i とともに時間 t も微小変化させたときの作用 S の変化を調べよう。S の t 微分はラグランジアン L である。

$$\frac{d}{dt} S = L \tag{12.8}$$

一方で，これは t に直接依存する部分と q を通じて依存する部分の和として表される。

$$\frac{d}{dt} S = \frac{\partial S}{\partial t} + \sum_i \frac{\partial S}{\partial q_i} \dot{q}_i \tag{12.9}$$

(12.7) の 1 番目の式 $p_i = \dfrac{\partial S}{\partial q_i}$ とハミルトニアン $H = \sum_i p_i \dot{q}_i - L$ を用いると

$$\frac{\partial S(q,t)}{\partial t} = -H(q,p,t) \tag{12.10}$$

という関係式を得る。よって，dt も含めた S の微小変化 δS は

$$\delta S = \sum_i p_i dq_i - H dt \tag{12.11}$$

と表される。

典型的な例についてこの母関数 S を計算し，正準変換の様子を見てみる。

例12.1　自由粒子

1 次元の自由粒子を考え，ラグランジアンを

$$L = \frac{m}{2} \dot{x}^2$$

とする。運動方程式 $m\ddot{x} = 0$ の解は t の 1 次関数となる。$t = t_1$ で $x = x_1$，$t = t_2$ で $x = x_2$ とすると，$x(t)$ とその時間微分は

$$x(t) = x_1 + \frac{x_2 - x_1}{t_2 - t_1}(t - t_1), \quad \dot{x} = \frac{x_2 - x_1}{t_2 - t_1}$$

となる。したがって作用は

$$S = \int_{t_1}^{t_2} \frac{m}{2} \dot{x}^2 dt = \frac{m}{2} \frac{(x_2 - x_1)^2}{t_2 - t_1}$$

と計算される。正準変換 $(x_1, p_1) \to (x_2, p_2)$ は

$$p_1 = -\frac{\partial S}{\partial x_1} = m \frac{(x_2 - x_1)}{t_2 - t_1}$$

$$p_2 = \frac{\partial S}{\partial x_2} = m \frac{(x_2 - x_1)}{t_2 - t_1}$$

を解いて

$$x_2 = \frac{p_1}{m}(t_2 - t_1) + x_1, \quad p_2 = p_1$$

となる。

例題12.1　1 次元調和振動子

1 次元調和振動子のラグランジアン

$$L = \frac{m}{2} \dot{x}^2 - \frac{m\omega^2}{2} x^2$$

に対し、作用 S と正準変換を計算せよ。

解 運動方程式は $m\ddot{x} + m\omega^2 x = 0$ であり、解 $x(t)$ とその時間微分 $\dot{x}(t)$ は a, b を定数として

$$x = a\cos\omega t + b\sin\omega t$$
$$\dot{x} = -a\omega\sin\omega t + b\omega\cos\omega t$$

となる。これをラグランジアンに代入すると

$$L = \frac{m\omega^2}{2}\left\{(a^2 - b^2)\cos 2\omega t - 2ab\sin 2\omega t\right\} \quad (12.12)$$

とまとめられるので、作用はこれを積分して

$$S = \frac{m\omega^2}{4\omega}\left\{(b^2 - a^2)(\sin 2\omega t_2 - \sin 2\omega t_1) + 2ab(\cos 2\omega t_2 - \cos 2\omega t_1)\right\} \quad (12.13)$$

となる。これを $t = t_1$ および $t = t_2$ における x 座標の値

$$x_1 = a\cos\omega t_1 + b\sin\omega t_1$$
$$x_2 = a\cos\omega t_2 + b\sin\omega t_2 \quad (12.14)$$

および t_1, t_2 で表す。(12.14) を a, b について解くと

$$a = \frac{1}{\sin\omega(t_2 - t_1)}(x_1\sin\omega t_2 - x_2\sin\omega t_1)$$
$$b = \frac{1}{\sin\omega(t_2 - t_1)}(-x_1\cos\omega t_2 + x_2\cos\omega t_1) \quad (12.15)$$

となるので、これから

$$b^2 - a^2 = \frac{1}{\sin^2\omega(t_2 - t_1)}$$
$$\times \{x_1^2\cos 2\omega t_2 + x_2^2\cos 2\omega t_1 - 2x_1 x_2\cos\omega(t_1 + t_2)\}$$
$$2ab = \frac{1}{\sin^2\omega(t_2 - t_1)}$$
$$\times \{-x_1^2\sin 2\omega t_2 - x_2^2\sin 2\omega t_1 + 2x_1 x_2\sin\omega(t_1 + t_2)\} \quad (12.16)$$

となる。これを式 (12.13) に代入すると

$$S = \frac{m\omega^2}{4\omega}\frac{1}{\sin^2\omega(t_2 - t_1)}$$
$$\times \{(x_1^2 + x_2^2)\sin 2\omega(t_2 - t_1) - 4x_1 x_2 \sin\omega(t_2 - t_1)\}$$
$$= \frac{m\omega}{2\sin\omega(t_2 - t_1)}\left\{(x_1^2 + x_2^2)\cos\omega(t_2 - t_1) - 2x_1 x_2\right\} \quad (12.17)$$

を得る。正準変換は

$$p_1 = -\frac{\partial S}{\partial x_1} = -\frac{m\omega}{\sin \omega(t_2 - t_1)}(x_1 \cos\omega(t_2-t_1) - x_2)$$
$$p_2 = \frac{\partial S}{\partial x_2} = \frac{m\omega}{\sin \omega(t_2 - t_1)}(x_2 \cos\omega(t_2-t_1) - x_1)$$
(12.18)

より

$$x_2 = x_1 \cos\omega(t_2 - t_1) + \frac{p_1}{m\omega}\sin\omega(t_2 - t_1)$$
$$\frac{p_2}{m\omega} = -x_1 \sin\omega(t_2 - t_1) + \frac{p_1}{m\omega}\cos\omega(t_2 - t_1)$$
(12.19)

となる。これは $(x, \frac{p}{m\omega})$ 平面での角度 $-\omega(t_2 - t_1)$ の回転を表す。∎

12.2 ハミルトン-ヤコビの方程式

運動方程式を使って評価した作用 S は，正準変換の母関数であり，偏微分方程式 (12.10) を満たしていた。では，逆にこの偏微分方程式から出発して作用あるいは母関数を求めることにより，運動を決定することができないであろうか。

正準変換 $(q, p) \to (Q, P)$ により，(q, p) が 1 点 (β, α) に移るものを考えよう。つまり

$$Q_i = \beta_i, \ P_i = \alpha_i \quad (i = 1, \cdots, n) \tag{12.20}$$

となるような正準変換を考える。(Q, P) におけるハミルトニアン $\mathscr{H}(Q, P)$ は，$\dot{Q} = \dot{P} = 0$ となるために $\frac{\partial \mathscr{H}}{\partial Q_i} = \frac{\partial \mathscr{H}}{\partial P_i} = 0$ となり，$\mathscr{H}(Q, P)$ は Q, P によらない定数となる。その定数を 0 とする。この正準変換の母関数 $W(q, P, t)$ を考えると，W は変換後のハミルトニアンが 0 になる。つまり

$$\mathscr{H}(Q, P) = H(q, p) + \frac{\partial W(q, P, t)}{\partial t} = 0 \tag{12.21}$$

を満たす。

さらに $W(q, P, t)$ から生成される正準変換は

$$p_i = \frac{\partial W}{\partial q_i}, \ Q_i = \frac{\partial W}{\partial P_i} \tag{12.22}$$

となるので，(12.20) を使うと $W(q, P, t)$ は

$$p_i = \frac{\partial W(q_1, \cdots, q_n, \alpha_1, \cdots, \alpha_n, t)}{\partial q_i} \tag{12.23}$$

$$\beta_i = \frac{\partial W(q_1, \cdots, q_n, \alpha_1, \cdots, \alpha_n, t)}{\partial \alpha_i} \tag{12.24}$$

を満たす。これを (12.21) に代入すると，$W(q, P, t)$ は微分方程式

$$\frac{\partial W(q_1, \cdots, q_n, \alpha_1, \cdots, \alpha_n, t)}{\partial t} + H(q_1, \cdots, q_n, \frac{\partial W}{\partial q_1}, \cdots, \frac{\partial W}{\partial q_n}, t) = 0 \tag{12.25}$$

を満たす。この方程式を**ハミルトン-ヤコビの方程式**と呼ぶ。$W(q, P, t)$ を**ハミルトンの主関数**という。

(12.25) は $n+1$ 個の変数 $(q_1, \cdots, q_n, t)$ に関する1階の偏微分方程式となる。もしこの方程式を解いて W が求められたとする。すると (12.24) から，$q_i(t)$ は (α, β) により決まり，さらに p_i は (12.23) から決めることができる。

変数分離法

ハミルトニアン H が時間 t を直接含んでいない場合，ハミルトン-ヤコビの方程式

$$\frac{\partial W}{\partial t} + H\left(q_1, \cdots, q_n, \frac{\partial W}{\partial q_1}, \cdots, \frac{\partial W}{\partial q_n}\right) = 0 \tag{12.26}$$

において，主関数 W を q に依存する部分と t に依存する部分の和，つまり

$$W = S(q_1, \cdots, q_n) + \Theta(t) \tag{12.27}$$

の形に分離すると，微分方程式は

$$\frac{d\Theta(t)}{dt} + H\left(q_1, \cdots, q_n, \frac{\partial S}{\partial q_1}, \cdots, \frac{\partial S}{\partial q_n}\right) = 0 \tag{12.28}$$

となる。第1項が t の関数で，第2項目は t に依存しない。そこで，それぞれの項が定数であるとしよう。$\frac{d\Theta(t)}{dt} = -E$ とおくと

$$\Theta(t) = c - Et \tag{12.29}$$

と求まり，$S(q_1, \cdots, q_n)$ は方程式

12.2 ハミルトン-ヤコビの方程式

$$H\left(q_1, \cdots, q_n, \frac{\partial S}{\partial q_1}, \cdots, \frac{\partial S}{\partial q_n}\right) = E \tag{12.30}$$

を満たす。この形の方程式もハミルトン-ヤコビの方程式という。

これを解くと、S が n 個の積分定数 $\alpha_1, \cdots, \alpha_n$ に依存する解として求められるが、その定数の中の1個は E に相当する。そこで $\alpha_1 = E$, $\alpha_2, \cdots, \alpha_n$ とおくと

$$W = S(q_1, \cdots, q_n, E, \alpha_2, \cdots, \alpha_n) - Et \tag{12.31}$$

と書ける。さらに (12.23) と (12.24) に対応する式は

$$\begin{aligned} p_i &= \frac{\partial S}{\partial q_i} \\ \beta_1 &= \frac{\partial S}{\partial E} - t \\ \beta_k &= \frac{\partial S}{\partial \alpha_k} \quad (k = 2, \cdots, n) \end{aligned} \tag{12.32}$$

となり、これを解くことにより q_i, p_i が求められる。

例12.2 **1次元のポテンシャルのもとでの運動**

ポテンシャル $U(x)$ のもとでの質点のハミルトニアンは

$$H = \frac{p^2}{2m} + U(x) \tag{12.33}$$

である。ハミルトン-ヤコビの方程式 (12.30) は

$$\frac{1}{2m}\left(\frac{dS}{dx}\right)^2 + U(x) = E \tag{12.34}$$

となるので

$$S(x) = \pm \int \sqrt{2m(E - U(x))}\, dx \tag{12.35}$$

と求められる。x を決める式は (12.32) の真ん中の式

$$\beta = \frac{\partial S}{\partial E} - t = \pm \int \frac{m}{\sqrt{2m(E - U(x))}}\, dx - t \tag{12.36}$$

で、これを解いて $x = x(E, t + \beta)$ が定まる。さらに p は

$$p = \frac{dS}{dx} = \pm\sqrt{2m(E - U(x))} \tag{12.37}$$

に x を代入して求められる。

例12.3　2次元の中心力ポテンシャルのもとでの運動

平面極座標 (r, θ) を使った中心力ポテンシャルのもとでの質点のハミルトニアンは

$$H = \frac{1}{2m}\left(p_r^2 + \frac{1}{r^2}p_\theta^2\right) + U(r) \tag{12.38}$$

で与えられる。ハミルトン-ヤコビの方程式は

$$\frac{1}{2m}\left(\frac{\partial S}{\partial r}\right)^2 + \frac{1}{2mr^2}\left(\frac{\partial S}{\partial \theta}\right)^2 + U(r) = E \tag{12.39}$$

となる。まず θ は循環座標なので，対応する運動量は保存する。その値を α とおく。

$$p_\theta = \frac{\partial S}{\partial \theta} = \alpha \tag{12.40}$$

積分して

$$S = S_r(r) + \alpha\theta \tag{12.41}$$

を得る。これを (12.39) に代入すると

$$\frac{1}{2m}\left(\frac{dS_r}{dr}\right)^2 + \frac{1}{2mr^2}\alpha^2 + U(r) = E \tag{12.42}$$

となる。これから

$$S_r(r) = \pm\int\sqrt{2m[E - U(r)] - \frac{\alpha^2}{r^2}}\,dr \tag{12.43}$$

となる。S は

$$S = \pm\int\sqrt{2m[E - U(r)] - \frac{\alpha^2}{r^2}}\,dr + \alpha\theta \tag{12.44}$$

と求められるので，生成関数 S の満たすべき式 (12.32) は

$$p_r = \frac{\partial S}{\partial r} = \pm\sqrt{2m(E - U(r)) - \frac{\alpha^2}{r^2}} \tag{12.45}$$

$$p_\theta = \alpha \tag{12.46}$$

$$\beta_r = \frac{\partial S}{\partial E} - t = \pm\int\frac{m\,dr}{\sqrt{2m(E - U(r)) - \frac{\alpha^2}{r^2}}} - t \tag{12.47}$$

$$\beta_\theta = \frac{\partial S}{\partial \alpha} = \mp\int\frac{\alpha\,dr}{r^2\sqrt{2m(E - U(r)) - \frac{\alpha^2}{r^2}}} + \theta \tag{12.48}$$

とまとめられる。まず (12.47) を解いて $r = r(E, \alpha, \beta_r, t)$ が求まり，さ

らにこれと (12.48) から $\theta = \theta(E, \alpha, \beta_r, \beta_\theta, t)$ が決まる。最後に r と (12.45) から p_r が (E, α, β_r, t) の関数として定まる。

例12.4 3次元の中心力のもとでの運動

ハミルトニアンは
$$H = \frac{1}{2m}\left(p_r^2 + \frac{p_\theta^2}{r^2} + \frac{p_\varphi^2}{r^2\sin^2\theta}\right) + U(r) \tag{12.49}$$

で与えられるので，ハミルトン-ヤコビの方程式は
$$\frac{1}{2m}\left(\frac{\partial S}{\partial r}\right)^2 + \frac{1}{2mr^2}\left(\frac{\partial S}{\partial \theta}\right)^2 + \frac{1}{2mr^2\sin^2\theta}\left(\frac{\partial S}{\partial \varphi}\right)^2 + U(r) = E \tag{12.50}$$

となる。定数 $\alpha_1, \alpha_2, \alpha_3$ としては時間的に変化しない保存量をとることになる。α_1 としてはエネルギー E, α_3 としては，循環座標 φ の共役運動量 p_φ をとる。さらに角運動量ベクトルの2乗 $p_\theta^2 + \dfrac{p_\varphi^2}{\sin^2\theta}$ も保存量なので，これを α_2^2 とおく。

$$p_\varphi = \frac{\partial S}{\partial \varphi} = \alpha_3$$

$$p_\theta^2 + \frac{p_\varphi^2}{\sin^2\theta} = \alpha_2^2 \tag{12.51}$$

これより
$$p_\theta = \pm\sqrt{\alpha_2^2 - \frac{\alpha_3^2}{\sin^2\theta}} = \frac{\partial S}{\partial \theta} \tag{12.52}$$

となるので，S は
$$S = S_r(r) \pm \int d\theta \sqrt{\alpha_2^2 - \frac{\alpha_3^2}{\sin^2\theta}} + \alpha_3\varphi \tag{12.53}$$

という形に表すことができる。$S_r(r)$ は
$$\frac{1}{2m}\left(\frac{dS_r}{dr}\right)^2 + \frac{\alpha_2^2}{2mr^2} + U(r) = E \tag{12.54}$$

を満たすので
$$S_r(r) = \pm\int\sqrt{2m(E - U(r)) - \frac{\alpha_2^2}{r^2}}\,dr \tag{12.55}$$

と求められる。よって (12.32) は
$$p_r = \frac{\partial S}{\partial r} = \pm\sqrt{2m(E - U(r)) - \frac{\alpha_2^2}{r^2}}$$

$$p_\varphi = \alpha_3$$
$$p_\theta = \pm\sqrt{\alpha_2{}^2 - \frac{\alpha_3{}^2}{\sin^2\theta}}$$
$$\beta_1 = \frac{\partial S}{\partial E} - t = \pm\int\frac{m}{\sqrt{2m(E-U(r)) - \frac{\alpha_2{}^2}{r^2}}}\,\mathrm{d}r - t$$

$$\beta_2 = \frac{\partial S}{\partial \alpha_2} = \pm\int\frac{-\frac{\alpha_2}{r^2}}{\sqrt{2m(E-U(r)) - \frac{\alpha_2{}^2}{r^2}}}\,\mathrm{d}r \pm \int\frac{\alpha_2}{\sqrt{\alpha_2{}^2 - \frac{\alpha_3{}^2}{\sin^2\theta}}}\,\mathrm{d}\theta$$

$$\beta_3 = \frac{\partial S}{\partial \alpha_3} = \varphi \mp \int\mathrm{d}\theta\,\frac{\alpha_3}{\sqrt{\alpha_2{}^2 - \frac{\alpha_3{}^2}{\sin^2\theta}}}\,\frac{1}{\sin^2\theta} \qquad (12.56)$$

となる。

10分補講　**解析力学から量子力学へ**

　量子力学はその定式化の多くを解析力学に負っている。水素原子におけるボーアの量子化条件は作用変数（章末問題12.3）が $\hbar = h/2\pi$（h はプランク定数）の整数倍であるという形に一般化される。シュレーディンガーは，S を作用としたとき波動関数 $\psi(x)$ を $\exp(iS/\hbar)$ と考え，ハミルトン - ヤコビの方程式からシュレーディンガー方程式を導いた。ハイゼンベルクの運動方程式は，座標と運動量を演算子とみなし，ポアソン括弧 $\{\,,\,\}$ を交換子 $\frac{1}{\hbar}[\,,\,]$ で置き換えることで得られる。またファインマンは，2点間の遷移振幅がその点を結ぶあらゆる経路を $\exp(iS/\hbar)$ の重みつきで足しあげることにより得られるという経路積分量子化を提唱した。量子力学を学ぶ際に，解析力学の概念が自然に拡張されていることとがわかるであろう。

章末問題

12.1 空間内の中心力ポテンシャルの運動について，積分

$$\int d\theta \frac{\alpha_3}{\sqrt{\alpha_2^2 - \dfrac{\alpha_3^2}{\sin^2\theta}}} \frac{1}{\sin^2\theta}$$

を実行し，(12.56) の最後の式の意味について説明せよ。

12.2 一定の力 F のもとにおける質点のラグランジアン

$$L = \frac{m}{2}\dot{x}^2 + Fx$$

に対し，$S(t_1, x_1; t_2, x_2)$ を計算せよ。

12.3 微小振動をしている長さ l の単振り子の周期を T とする。鉛直線となす角を θ，その共役運動量を p_θ とする。

(1) 相空間 (θ, p_θ) における $E = $ 一定の曲線に沿った線積分

$$I = \oint p_\theta d\theta \quad \text{（積分の向きは反時計回りにとる）}$$

を**作用変数**という。I を計算せよ。

(2) 振り子の長さ l が振り子の周期 T に比べゆっくりと変化する場合，作用変数 I は不変であることを示せ。このとき，I は**断熱不変量**であるという。

章末問題解答

第 1 章

1.1 運動方程式は
$$m\ddot{x} = eB\dot{y}, \quad m\ddot{y} = -eB\dot{x}, \quad m\ddot{z} = 0$$
となる。x, y 方向の運動方程式は複素数 $\xi = x + iy$ を導入すると
$$m\ddot{\xi} = -ieB\dot{\xi}$$
と表される。この微分方程式は $\omega = \dfrac{eB}{m}$ と置いて
$$\dot{\xi} = Ae^{-i\omega t - i\alpha} \quad (A, \alpha \text{ は定数})$$
の形に解くことができる。これをもう一度積分すると
$$\xi = \xi_0 - \frac{A}{i\omega} e^{-i\omega t - i\alpha} \quad (\xi_0 = x_0 + iy_0 \text{ は定数})$$
となる。したがって実部と虚部をとると
$$x = x_0 + \frac{A}{\omega}\sin(\omega t + \alpha), \quad y = y_0 + \frac{A}{\omega}\cos(\omega t + \alpha)$$
を得る。z 方向は等速度運動で
$$z = v_0 t + z_0$$
が解である。この運動はらせん運動となる。

1.2 (1) 運動方程式は (1.34) において $F_r = f(r)$, $F_\theta = 0$ とおいたものとなる。h を時間微分すると
$$\frac{dh}{dt} = r(2\dot{r}\dot{\theta} + r\ddot{\theta})$$
となり, これは (1.34) の第 2 式より 0 となる。したがって h は一定である。

(2) 動径方向の運動方程式に $\dot{\theta} = \dfrac{h}{r^2}$ を代入すると

$$f(r) = m\left(\ddot{r} - \frac{h^2}{r^3}\right)$$

となる。r は θ の関数なので r の時間微分は θ を通じて依存している。したがって

$$\frac{\mathrm{d}}{\mathrm{d}t} r(\theta) = \frac{\mathrm{d}r}{\mathrm{d}\theta}\frac{\mathrm{d}\theta}{\mathrm{d}t} = \frac{h}{r^2}\frac{\mathrm{d}r}{\mathrm{d}\theta} = -h\frac{\mathrm{d}u}{\mathrm{d}\theta}$$

と表される。もう一度時間 t で微分すると

$$\frac{\mathrm{d}^2 r}{\mathrm{d}t^2} = -h\frac{\mathrm{d}^2 u}{\mathrm{d}\theta^2}\frac{\mathrm{d}\theta}{\mathrm{d}t} = -h^2 u^2 \frac{\mathrm{d}^2 u}{\mathrm{d}\theta^2}$$

となる。これより

$$f\left(\frac{1}{u}\right) = -m\left(h^2 u^2 \frac{\mathrm{d}^2 u}{\mathrm{d}\theta^2} + h^2 u^3\right)$$

と求められる。

(3) $u = a + b\cos\theta$ のとき、$\frac{\mathrm{d}^2 u}{\mathrm{d}\theta^2} = -b\cos\theta$ となるので

$$f = -mh^2 u^2(-b\cos\theta + a + b\cos\theta) = -mh^2 a u^2 = -\frac{mh^2 a}{r^2}$$

となる。すなわち中心力は逆 2 乗則に従う。

1.3 (1) 運動方程式は

$$m(\ddot{r} - r\dot{\theta}^2) = f(r) - \gamma\dot{r}$$
$$m(2\dot{r}\dot{\theta} + r\ddot{\theta}) = -\gamma r\dot{\theta}$$

となる。

(2) h の時間微分は、角度方向の運動方程式を用いて

$$\frac{\mathrm{d}h}{\mathrm{d}t} = r(2\dot{r}\dot{\theta} + r\ddot{\theta}) = -\frac{\gamma}{m}r^2\dot{\theta} = -\frac{\gamma}{m}h$$

となる。時刻 t における h の値は

$$h = h_0 e^{-\frac{\gamma}{m}t}$$

となる。ここで $t = 0$ で $h = h_0$ とした。

第 2 章

2.1 (1) たとえば

$$\sum_{k=1}^{3} \epsilon_{12k}\epsilon_{12k} = \epsilon_{121}\epsilon_{121} + \epsilon_{122}\epsilon_{122} + \epsilon_{123}\epsilon_{123} = 0 + 0 + 1^2 = 1$$
$$= \delta_{11}\delta_{22} - \delta_{12}\delta_{21}$$

となる。

(2) 右辺を計算する。右辺の i 成分は、$(x_1, x_2, x_3) = (x, y, z)$ および $\partial_j = \frac{\partial}{\partial x_j}$ と略記して

$$\sum_{j=1}^{3}\left[A_j\partial_j B_i + B_j\partial_j A_i\right] + \sum_{l,m=1}^{3}\left[\epsilon_{ilm}B_l(\mathrm{rot}A)_m + \epsilon_{ilm}A_l(\mathrm{rot}B)_m\right] \quad (*)$$

となる。rot の定義 $\mathrm{rot}\boldsymbol{A} = \nabla \times \boldsymbol{A}$ を思い出すと、上式の第 3 項は

$$\sum_{l,m=1}^{3} \epsilon_{ilm} B_l (\text{rot} A)_m = \sum_{l,m=1}^{3} \sum_{n,p=1}^{3} \epsilon_{ilm} B_l \epsilon_{mnp} \partial_n A_p$$

となる．添え字 m についての和をとる．(1) の結果を使うと，この式の右辺は

$$\sum_{l=1}^{3} \sum_{n,p=1}^{3} (\delta_{in}\delta_{lp} - \delta_{ip}\delta_{ln}) B_l \partial_n A_p = \sum_{l=1}^{3} \left[B_l \partial_i A_l - B_l \partial_l A_i \right]$$

となり，同様に第 4 項は A と B を交換して

$$\sum_{l=1}^{3} \epsilon_{ilm} A_l (\text{rot} B)_m = \sum_{l=1}^{3} \left[A_l \partial_i B_l - A_l \partial_l B_i \right]$$

となる．したがって（∗）はまとめると

$$\sum_{l=1}^{3} \left[B_l \partial_i A_l + A_l \partial_i B_l \right] = \partial_i \left(\sum_{l=1}^{3} A_l B_l \right)$$

となり，(2) が示された．

(3) 外積の定義から

$$\boldsymbol{A} \cdot (\boldsymbol{B} \times \boldsymbol{C}) = \sum_{i,j,k=1}^{3} \epsilon_{ijk} A_i B_j C_k$$

となり，$\epsilon_{ijk} = \epsilon_{jki} = \epsilon_{kij}$ より (3) が示される．

2.2 (1) 直交座標を使うとラグランジアンは

$$L = \frac{m}{2}(\dot{x}^2 + \dot{y}^2 + \dot{z}^2) + \frac{eB}{2}(x\dot{y} - y\dot{x}) - \frac{m\omega_0^2}{2}(x^2 + y^2 + z^2)$$

となり，運動方程式は

$$m\ddot{x} - eB\dot{y} + m\omega_0^2 x = 0$$
$$m\ddot{y} + eB\dot{x} + m\omega_0^2 y = 0$$
$$m\ddot{z} + m\omega_0^2 z = 0$$

となる．

(2) x, y 座標を使って，$\xi = x + iy$ とおくと，ξ は微分方程式

$$m\ddot{\xi} + ieB\dot{\xi} + m\omega_0^2 \xi = 0$$

を満たす．この微分方程式の解を $\xi = Ae^{i\omega t}$ と置いて上の式に代入すると，ω は

$$m\omega^2 + eB\omega - m\omega_0^2 = 0$$

を満たす．これから ω は

$$\omega_\pm = -\frac{eB}{2m} \pm \sqrt{\omega_0^2 + \frac{e^2 B^2}{4m^2}}$$

となり，解はこの 2 つの解の線形結合

$$\xi = A_1 e^{i(\omega_+ t + \alpha_1)} + A_2 e^{i(\omega_- t + \alpha_2)}$$

と書ける．z 方向は角振動数 ω_0 の単振動となるので，解は

$$x = A_1 \cos(\omega_+ t + \alpha_1) + A_2 \cos(\omega_- t + \alpha_2)$$
$$y = A_1 \sin(\omega_+ t + \alpha_1) + A_2 \sin(\omega_- t + \alpha_2)$$
$$z = A_3 \cos(\omega_0 t + \alpha_3)$$

となる．

2.3 (1)
$$\frac{\partial L}{\partial \dot{x}} = e^{\gamma t} m \dot{x} \qquad \frac{\partial L}{\partial x} = -e^{\gamma t} kx$$

よりラグランジュの運動方程式は

$$\frac{\mathrm{d}}{\mathrm{d}t}\left(\frac{\partial L}{\partial \dot{x}}\right) - \frac{\partial L}{\partial x} = \frac{\mathrm{d}}{\mathrm{d}t}\left(e^{\gamma t} m\dot{x}\right) + e^{\gamma t} kx = 0$$

となる．これは

$$m\ddot{x} = -m\gamma\dot{x} - kx$$

と書かれ、ばね定数 k のばねからの力と、速度に比例する抵抗力のもとでの運動方程式を記述している。

(2) $\frac{\partial L}{\partial \dot{x}} = \alpha e^{\alpha \dot{x}}$ よりラグランジュの運動方程式は

$$\frac{d}{dt}\left(\frac{\partial L}{\partial \dot{x}}\right) = \frac{d}{dt}(\alpha e^{\alpha \dot{x}}) = \alpha^2 \ddot{x} e^{\alpha \dot{x}} = 0$$

となる。これは $\ddot{x} = 0$ を意味する。このように、運動方程式に対してラグランジアンは一意的に定まるとは限らない。

第 3 章

3.1 (1) ラグランジアンは

$$L = \frac{m_A}{2}(\dot{x}_1^2 + \dot{x}_3^2) + \frac{m_B}{2}\dot{x}_2^2 - \frac{k}{2}(x_2 - x_1 - l)^2 - \frac{k}{2}(x_3 - x_2 - l)^2$$

となる。

(2) 重心座標は $X = \dfrac{m_A(x_1 + x_3) + m_B x_2}{2m_A + m_B}$ となり、$x_i = \xi_i + X$ を (1) の L に代入する。$m_A(\xi_1 + \xi_3) + m_B \xi_2 = 0$ に注意すると

$$L = \frac{2m_A + m_B}{2}\dot{X}^2 + \frac{m_A}{2}(\dot{\xi}_1^2 + \dot{\xi}_3^2) + \frac{m_B}{2}\dot{\xi}_2^2 - \frac{k}{2}(\xi_2 - \xi_1 - l)^2 - \frac{k}{2}(\xi_3 - \xi_2 - l)^2$$

を得る。

(3) $\dot{X} = 0$ および $\xi_2 = \dfrac{m_A}{m_B}(\xi_1 + \xi_3) = -\dfrac{m_A}{m_B}q_1$, $\xi_1 = \dfrac{q_1 + q_2}{2}$, $\xi_3 = \dfrac{q_1 - q_2}{2}$ を (2) の L に代入して

$$L = \frac{1}{4}\frac{m_A(m_B + 2m_A)}{m_B}\dot{q}_1^2 - k\left(\frac{m_B + 2m_A}{2m_B}\right)^2 q_1^2$$
$$+ \frac{m_A}{4}\dot{q}_2^2 - \frac{k}{4}(q_2 + 2l)^2$$

となる。これより q_1 は振動数 $\omega_1 = \sqrt{\dfrac{k(m_B + 2m_A)}{m_A m_B}}$, q_2 は振動数 $\omega_2 = \sqrt{\dfrac{k}{m_A}}$ の単振動となり、

$$q_1 = A_1 \sin(\omega_1 t + \alpha_1), \quad q_2 = -2l + A_2 \sin(\omega_2 t + \alpha_2)$$

と解くことができる ($A_1, A_2, \alpha_1, \alpha_2$ は定数)。

3.2 (1) 万有引力定数を G とすると、ラグランジアンは

$$L = \frac{m_1}{2}\dot{\boldsymbol{r}}_1^2 + \frac{m_2}{2}\dot{\boldsymbol{r}}_2^2 + \frac{m_3}{2}\dot{\boldsymbol{r}}_3^2 + \frac{Gm_1 m_2}{|\boldsymbol{r}_1 - \boldsymbol{r}_2|} + \frac{Gm_2 m_3}{|\boldsymbol{r}_2 - \boldsymbol{r}_3|} + \frac{Gm_3 m_1}{|\boldsymbol{r}_3 - \boldsymbol{r}_1|}$$

で与えられる。$\dfrac{\partial}{\partial \boldsymbol{r}}\dfrac{1}{|\boldsymbol{r}|} = -\dfrac{\boldsymbol{r}}{|\boldsymbol{r}|^3}$ より、運動方程式は

$$m_1 \ddot{\boldsymbol{r}}_1 + \frac{Gm_1 m_2}{|\boldsymbol{r}_1 - \boldsymbol{r}_2|^3}(\boldsymbol{r}_1 - \boldsymbol{r}_2) + \frac{Gm_1 m_2}{|\boldsymbol{r}_1 - \boldsymbol{r}_3|^3}(\boldsymbol{r}_1 - \boldsymbol{r}_3) = 0$$

$$m_2 \ddot{\boldsymbol{r}}_2 + \frac{Gm_1 m_2}{|\boldsymbol{r}_1 - \boldsymbol{r}_2|^3}(\boldsymbol{r}_2 - \boldsymbol{r}_1) + \frac{Gm_2 m_3}{|\boldsymbol{r}_2 - \boldsymbol{r}_3|^3}(\boldsymbol{r}_2 - \boldsymbol{r}_3) = 0$$

となる。
$$m_3\ddot{\boldsymbol{r}}_3 + \frac{Gm_1m_3}{|\boldsymbol{r}_1-\boldsymbol{r}_3|^3}(\boldsymbol{r}_3-\boldsymbol{r}_1) + \frac{Gm_2m_3}{|\boldsymbol{r}_2-\boldsymbol{r}_3|^3}(\boldsymbol{r}_3-\boldsymbol{r}_2) = 0$$
となる。

(2) 質点 m_1 の運動方程式について考えると，重心を原点にとっているので，$m_1\boldsymbol{r}_1 + m_2\boldsymbol{r}_2 + m_3\boldsymbol{r}_3 = 0$ が成り立つ。したがって運動方程式は
$$m_1\ddot{\boldsymbol{r}}_1 + \frac{Gm_1(m_1+m_2+m_3)}{a^3}\boldsymbol{r}_1 = 0$$
となる。$(m_1+m_2+m_3)\boldsymbol{r}_1 + m_2(\boldsymbol{r}_2-\boldsymbol{r}_1) + m_3(\boldsymbol{r}_3-\boldsymbol{r}_1) = 0$ および $(\boldsymbol{r}_2-\boldsymbol{r}_1)\cdot(\boldsymbol{r}_3-\boldsymbol{r}_1) = a^2\cos\frac{\pi}{3} = \frac{a^2}{2}$ より，$(m_1+m_2+m_3)^2|\boldsymbol{r}_1|^2 = (m_2^2+m_3^2+m_2m_3)a^2$ となるので，$|\boldsymbol{r}|_1$ は一定である。質点 m_1 は原点のまわりを半径 $\dfrac{a\sqrt{m_2^2+m_3^2+m_2m_3}}{m_1+m_2+m_3}$ の等速円運動を行い，その振動数は
$$\omega = \sqrt{\frac{G(m_1+m_2+m_3)}{a^3}}$$
で与えられる。質点 m_2, m_3 も同様に半径 $\dfrac{a\sqrt{m_1^2+m_3^2+m_1m_3}}{m_1+m_2+m_3}$, $\dfrac{a\sqrt{m_1^2+m_2^2+m_1m_2}}{m_1+m_2+m_3}$ の等速円運動を行う。

第 4 章

4.1 (1) ローレンツ力が働くので運動方程式は
$$m\ddot{\boldsymbol{r}} = q\dot{\boldsymbol{r}}\times\boldsymbol{B} = \frac{qg\dot{\boldsymbol{r}}\times\boldsymbol{r}}{r^3}$$
となる。

(2) 外積の性質より
$$\frac{\mathrm{d}T}{\mathrm{d}t} = m\dot{\boldsymbol{r}}\cdot\ddot{\boldsymbol{r}} = \frac{qg}{r^3}\dot{\boldsymbol{r}}\cdot(\dot{\boldsymbol{r}}\times\boldsymbol{r}) = 0$$
となる。ローレンツ力の性質として磁場は速度と直交し，仕事をしない。

(3)
$$\frac{\mathrm{d}\boldsymbol{J}}{\mathrm{d}t} = m\boldsymbol{r}\times\ddot{\boldsymbol{r}} + m\dot{\boldsymbol{r}}\times\dot{\boldsymbol{r}} - \frac{qg\dot{\boldsymbol{r}}}{r} + \frac{qg\boldsymbol{r}}{r^2}\dot{r}$$
ここで $\dot{\boldsymbol{r}}\times\dot{\boldsymbol{r}} = 0$ と，
$$\dot{r} = \frac{\mathrm{d}}{\mathrm{d}t}(\boldsymbol{r}\cdot\boldsymbol{r})^{\frac{1}{2}} = \frac{\boldsymbol{r}\cdot\dot{\boldsymbol{r}}}{r}$$
および運動方程式を用いると
$$\frac{\mathrm{d}\boldsymbol{J}}{\mathrm{d}t} = qg\frac{\boldsymbol{r}\times(\dot{\boldsymbol{r}}\times\boldsymbol{r})}{r^3} - \frac{qg\dot{\boldsymbol{r}}}{r} + \frac{qg\boldsymbol{r}(\boldsymbol{r}\cdot\dot{\boldsymbol{r}})}{r^3}$$
ここで，ベクトルの外積についての公式[1]
$$\boldsymbol{r}\times(\dot{\boldsymbol{r}}\times\boldsymbol{r}) = \dot{\boldsymbol{r}}(\boldsymbol{r}\cdot\boldsymbol{r}) - \boldsymbol{r}(\boldsymbol{r}\cdot\dot{\boldsymbol{r}})$$

---

1) 証明は (7.24) 式の脚注を参照。

を用いると $\frac{\mathrm{d}\boldsymbol{J}}{\mathrm{d}t} = 0$ となる。

(4)
$$\boldsymbol{r}\cdot\boldsymbol{J} = m\boldsymbol{r}\cdot(\boldsymbol{r}\times\dot{\boldsymbol{r}}) - qg\frac{\boldsymbol{r}^2}{r} = -qgr$$

となる。したがって
$$\cos\theta = \frac{\boldsymbol{r}\cdot\boldsymbol{J}}{|\boldsymbol{r}||\boldsymbol{J}|} = -\frac{qg}{|\boldsymbol{J}|}$$

となり，θ は一定である。荷電粒子は原点を頂点とする $-\boldsymbol{J}$ 方向に軸を持つ円錐面上で運動を行うことがわかる。

4.2 位置ベクトル $\boldsymbol{r}$ と速度ベクトル $\dot{\boldsymbol{r}}$ は，極座標の正規直交基底 $\boldsymbol{e}_r, \boldsymbol{e}_\theta, \boldsymbol{e}_\varphi$ により
$$\boldsymbol{r} = r\boldsymbol{e}_r, \quad \dot{\boldsymbol{r}} = \dot{r}\boldsymbol{e}_r + r\dot{\theta}\boldsymbol{e}_\theta + r\sin\theta\dot{\varphi}\boldsymbol{e}_\varphi$$
と書かれる。ベクトル $\boldsymbol{e}_r, \boldsymbol{e}_\theta, \boldsymbol{e}_\varphi$ は外積について
$$\boldsymbol{e}_\theta \times \boldsymbol{e}_\varphi = \boldsymbol{e}_r$$
$$\boldsymbol{e}_\varphi \times \boldsymbol{e}_r = \boldsymbol{e}_\theta$$
$$\boldsymbol{e}_r \times \boldsymbol{e}_\theta = \boldsymbol{e}_\varphi$$
を満たすので，角運動量ベクトル $\boldsymbol{L} = \boldsymbol{r}\times m\dot{\boldsymbol{r}}$ を計算すると
$$\boldsymbol{L} = -mr^2\sin\theta\dot{\varphi}\boldsymbol{e}_\theta + mr^2\dot{\theta}\boldsymbol{e}_\varphi$$
となる。さらに $\boldsymbol{L}$ の時間微分は (1.61) ~ (1.63) を用いてまとめると
$$\frac{\mathrm{d}\boldsymbol{L}}{\mathrm{d}t} = \left\{-\frac{\mathrm{d}}{\mathrm{d}t}(mr^2\sin\theta\dot{\varphi}) - mr^2\cos\theta\dot{\theta}\dot{\varphi}\right\}\boldsymbol{e}_\theta$$
$$+ \left\{\frac{\mathrm{d}}{\mathrm{d}t}(mr^2\dot{\theta}) - mr^2\sin\theta\cos\theta\dot{\varphi}\right\}\boldsymbol{e}_\varphi \qquad (*)$$

角運動量が保存する場合，(*) 式の $\boldsymbol{e}_\theta$ 成分と $\boldsymbol{e}_\varphi$ 成分がそれぞれゼロになる。その方程式はそれぞれラグランジュの運動方程式 (2.46), (2.45) に対応している。

4.3 x 軸のまわりの角度 ϕ の回転により座標は
$$x' = x$$
$$y' = y\cos\phi - z\sin\phi$$
$$z' = y\sin\phi + z\cos\phi$$
と移る。ϕ が無限小の場合は
$$x' = x, \quad y' = y - \phi z, \quad z' = \phi y + z$$
となる。ラグランジアンの不変性から $L(x, y - \phi z, z + \phi y, \dot{x}, \dot{y} - \phi\dot{z}, \dot{z} + \phi\dot{y})$
$= L(x, y, z, \dot{x}, \dot{y}, \dot{z})$ が成り立つので
$$-\frac{\partial L}{\partial y}\phi z + \frac{\partial L}{\partial z}\phi y - \frac{\partial L}{\partial \dot{y}}\phi\dot{z} + \frac{\partial L}{\partial \dot{z}}\phi\dot{y} = 0$$
を得る。これと共役運動量の定義とラグランジュの運動方程式により，上式は
$$\phi\frac{\mathrm{d}}{\mathrm{d}t}(yp_z - zp_y) = 0$$
と同値である。同様に y 軸のまわりの角度 ϕ の回転により座標は
$$x' = x\cos\phi + z\sin\phi$$
$$y' = y$$
$$z' = -x\sin\phi + z\cos\phi$$
と移り，ϕ が無限小の場合は

章末問題 解答

$$x' = x + \phi z, \ y' = y, \ z' = -\phi x + z$$

となる。ラグランジアンの不変性を表す式は、$L(x + \phi z, y, z - \phi x, \dot{x} + \phi \dot{z}, \dot{y}, \dot{z} - \phi \dot{x}) = L(x, y, z, \dot{x}, \dot{y}, \dot{z})$ となり、

$$\frac{\partial L}{\partial x}\phi z - \frac{\partial L}{\partial z}\phi x + \frac{\partial L}{\partial \dot{x}}\phi \dot{z} - \frac{\partial L}{\partial \dot{z}}\phi \dot{x} = \phi \frac{\mathrm{d}}{\mathrm{d}t}(p_x z - p_z x) = 0$$

となる。これをまとめると $\frac{\mathrm{d}L_x}{\mathrm{d}t} = \frac{\mathrm{d}L_y}{\mathrm{d}t} = 0$ となる。

第5章

5.1(1) 図のような座標をとると、ラグランジアンは

$$L = \frac{m_1}{2}\dot{x}_1^2 + \frac{m_2}{2}\left(\dot{x}_2^2 + \dot{y}_2^2\right) + m_2 g y_2$$

ただし x_1, x_2, y_2 は束縛条件

$$(x_1 - x_2)^2 + y_2^2 = l^2$$

を満たす。極座標 (l, θ) により束縛条件を

$$x_2 - x_1 = l \sin\theta$$
$$y_2 = l \cos\theta$$

と解き、ラグランジアンに代入すると

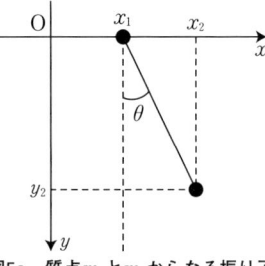

図5a 質点m_1とm_2からなる振り子

$$L = \frac{m_1 + m_2}{2}\dot{x}_1^2 + m_2 \dot{x}_1 l \cos\theta \dot{\theta} + \frac{m_2 l^2}{2}\dot{\theta}^2 + m_2 g l \cos\theta$$

となる。

(2) ラグランジュの運動方程式は

$$\frac{\mathrm{d}}{\mathrm{d}t}\left(\frac{\partial L}{\partial \dot{x}_1}\right) - \frac{\partial L}{\partial x_1} = \frac{\mathrm{d}}{\mathrm{d}t}\left((m_1 + m_2)\dot{x}_1 + m_2 l \cos\theta \dot{\theta}\right) = 0$$

$$\frac{\mathrm{d}}{\mathrm{d}t}\left(\frac{\partial L}{\partial \dot{\theta}}\right) - \frac{\partial L}{\partial \theta} = \frac{\mathrm{d}}{\mathrm{d}t}\left(m_2 l^2 \dot{\theta} + m_2 \dot{x}_1 l \cos\theta\right)$$
$$+ m_2 \dot{x}_1 l \sin\theta \dot{\theta} + m_2 g l \sin\theta = 0$$

x_1 は循環座標である。θ が小さいとして θ について1次の項を残すと運動方程式は

$$(m_1 + m_2)\ddot{x}_1 + m_2 l \ddot{\theta} = 0$$
$$m_2 l^2 \ddot{\theta} + m_2 l \ddot{x}_1 + m_2 g l \theta = 0$$

となる。これから x_1 を消去すると

$$\frac{m_1}{m_1 + m_2} l^2 \ddot{\theta} = -g l \theta$$

となり、単振動の式なので、解は

$$\theta = A \sin\left(\sqrt{\frac{(m_1 + m_2)g}{m_1 l}} t + \alpha\right)$$

となる (A, α は定数)。また x_1 は

$$x_1 = x_0 + v_0 t - \frac{m_2 l}{m_1 + m_2} A \sin\left(\sqrt{\frac{(m_1 + m_2)g}{m_1 l}} t + \alpha\right)$$

で与えられる。x_0, v_0 は定数である。

5.2(1) 図5.6のような極座標をとると、束縛条件は $\theta = \alpha$ となる。したがってラグラン

ジアンは
$$L = \frac{m}{2}\left(\dot{r}^2 + r^2 \sin^2\alpha\, \dot{\varphi}^2\right) - mgr\cos\alpha$$
となる。ラグランジュの運動方程式は
$$\frac{\mathrm{d}}{\mathrm{d}t}\left(\frac{\partial L}{\partial \dot{r}}\right) - \frac{\partial L}{\partial r} = m\ddot{r} + mr\sin^2\alpha\, \dot{\varphi}^2 + mg\cos\alpha = 0$$
$$\frac{\mathrm{d}}{\mathrm{d}t}\left(\frac{\partial L}{\partial \dot{\varphi}}\right) - \frac{\partial L}{\partial \varphi} = \frac{\mathrm{d}}{\mathrm{d}t}\left(mr^2 \sin^2\alpha\, \dot{\varphi}\right) = 0$$
となる。

(2) φ は循環座標であるので，共役運動量
$$p_\varphi = mr^2 \sin^2\alpha\, \dot{\varphi}$$
は一定となる。これを $\dot{\varphi}$ について解いた式 $\dot{\varphi} = \dfrac{p_\varphi}{mr^2 \sin^2\alpha}$ をエネルギーの式
$$E = \frac{m}{2}\left(\dot{r}^2 + r^2 \sin^2\alpha\, \dot{\varphi}^2\right) + mgr\cos\alpha$$
に代入すると
$$E = \frac{m}{2}\dot{r}^2 + \frac{1}{2}\frac{p_\varphi^2}{mr^2 \sin^2\alpha} + mgr\cos\alpha$$
となり，これから有効ポテンシャル
$$U_{\mathrm{eff}}(r) = \frac{1}{2}\frac{p_\varphi^2}{mr^2 \sin^2\alpha} + mgr\cos\alpha$$
を得る。

(3) 可能な運動の範囲は $E \geq U_{\mathrm{eff}}(r)$ の範囲に限られる。これは一般に 2 つの解 r_1, r_2 をもち，$r_1 \leq r \leq r_2$ が運動の範囲になる。

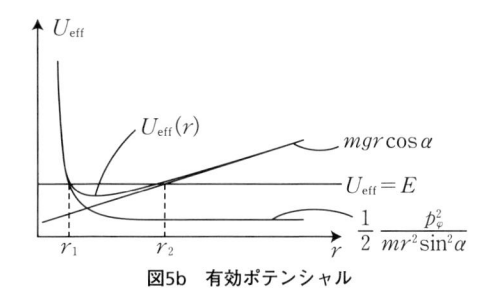

図5b　有効ポテンシャル

その中で $\dfrac{\mathrm{d}}{\mathrm{d}r}U_{\mathrm{eff}}(r) = 0$ となる点 $r = r_0$ では r 方向の力がゼロとなり，止まったままでいる。
$$\frac{\mathrm{d}}{\mathrm{d}r}U_{\mathrm{eff}}(r) = -\frac{p_\varphi^2}{mr^3 \sin^2\alpha} + mg\cos\alpha = 0$$
より
$$r_0 = \left(\frac{p_\varphi^2}{m^2 g \sin^2\alpha \cos\alpha}\right)^{\frac{1}{3}}$$
となる。$r = r_0$ で展開すると

章末問題　解答

$$U_{\text{eff}}(r) = U_{\text{eff}}(r_0) + \frac{1}{2} U''_{\text{eff}}(r_0)(r-r_0)^2 + \cdots$$

ここで

$$U''_{\text{eff}}(r_0) = \frac{3p_\varphi^2}{mr_0^4 \sin^2 \alpha}$$

であり，角振動数を ω とすると

$$\omega^2 = \frac{3p_\varphi^2}{m^2 r_0^4 \sin^2 \alpha}$$

の単振動を表す。

5.3 (1) x, y 座標を用いるとラグランジアンは

$$L = \frac{m}{2}(\dot{x}^2 + \dot{y}^2) - mgy$$

となる。$y = f(x)$ を代入すると

$$L = \frac{m}{2}(1 + (f')^2)\dot{x}^2 - mgf(x)$$

となる $\left(f'(x) = \dfrac{df(x)}{dx}\right)$。

(2) $\dfrac{\partial L}{\partial \dot{x}} = m(1 + (f')^2)\dot{x}$ より運動方程式は

$$\frac{d}{dt}\left(\frac{\partial L}{\partial \dot{x}}\right) - \frac{\partial L}{\partial x} = m(1 + (f')^2)\ddot{x} + mf'f''\dot{x}^2 + mgf' = 0$$

と求められる。

(3) 基準点を $x = x_0$ とすると，x_0 から s までの距離は

$$s(x) = \int_{x_0}^{x} \sqrt{1 + (f')^2} \, dx$$

となる。この逆関数を $x = x(s)$ とする。また $(ds)^2 = (dx)^2 + (dy)^2$ よりラグランジアンは

$$L = \frac{m}{2}\dot{s}^2 - mgf(x(s))$$

と書ける。

第 6 章

6.1 地球表面の重力加速度 $g \approx 9.8\,\text{m/s}^2$ と加速度に対する ω^2 の寄与を比較する。地球表面の回転系の原点の緯度を β とすると

$$|\boldsymbol{\Omega} \times (\boldsymbol{\Omega} \times (\boldsymbol{R} + \boldsymbol{r}'))| \approx \omega^2 |R| \cos \beta$$

となる。

$$\omega = \frac{2\pi}{24 \times 60 \times 60} = 0.73 \times 10^{-4}\,\text{rad/s}$$

$$|R| = 6371\,\text{km}$$

なので

$$\omega^2 |R| \cos \beta = 0.0034 \cos \beta \,\text{m/s}^2$$

となる。重力加速度に比べると，だいたい $0.0040 \times \cos\beta$ のオーダーになる。

6.2 例題 6.1 の座標系をとるとゼロ次のオーダーの解は
$$x'^{(0)} = v_0 t, \quad y'^{(0)} = 0, \quad z'^{(0)} = h - \frac{1}{2}gt^2$$
となる。これを (6.74) に代入すると 1 次の補正項は
$$m\omega\ddot{x}'^{(1)} = 0$$
$$m\omega\ddot{y}'^{(1)} = 2m\omega gt \cos\beta - 2m\omega v_0 \cos\beta$$
$$m\omega\ddot{z}'^{(1)} = 0$$
を満たす。これを解いて
$$x'^{(1)} = 0, \quad y'^{(1)} = g\cos\beta \frac{t^3}{3} - v_0 \sin\beta t^2, \quad z'^{(1)} = 0$$
を得る。

第 7 章

7.1 (1) 重心の座標を x とする。ポテンシャルエネルギーは $U = -Mgx\sin\alpha$ となる。慣性モーメントは $I = \frac{2}{5}MR^2$ となるので，ラグランジアンは
$$L = \frac{1}{2}M\dot{x}^2 + \frac{1}{2}I\dot{\theta}^2 + Mgx\sin\alpha$$
となる。

(2) dx だけ重心が移動したとき，回転角が $d\theta$ だけ変化したとすると，斜面との接点が滑らないので $dx = Rd\theta$ あるいは dt で割って，$R\dot{\theta} = \dot{x}$ という関係が成り立つ。

(3) (2) より $\dot{\theta}$ を消去すると
$$L = \frac{1}{2}\left(M + \frac{I}{R^2}\right)\dot{x}^2 + Mgx\sin\alpha$$
となるので，運動方程式は
$$\left(M + \frac{I}{R^2}\right)\ddot{x} - Mgx\sin\alpha = 0$$
$I = \frac{2}{5}MR^2$ を代入すると $\ddot{x} = \frac{5}{7}g\sin\alpha$ となり，
$$x = x_0 + v_0 t + \frac{5}{14}g\sin\alpha t^2$$
となる。x_0, v_0 は定数。

7.2 ψ 軸と ϕ 軸が一致しているので，$p_\phi = p_\psi = I_3\omega$ となる。このとき，有効ポテンシャルは
$$U_{\mathrm{eff}}(\theta) = \frac{p_\phi^2(1-\cos\theta)^2}{2I_1 \sin^2\theta} + Mgl\cos\theta$$
となり，$\theta = 0$ のまわりで展開すると
$$U_{\mathrm{eff}}(\theta) = Mgl + \left(\frac{p_\phi^2}{8I_1} - \frac{Mgl}{2}\right)\theta^2 + \cdots$$
となる。したがって $p_\phi = I_3\omega$ を代入して

章末問題　解答

$$\frac{\omega^2 I_3^2}{4I_1} > Mgl$$

のとき，$\theta = 0$ は安定な平衡点である。

7.3 ラグランジアンは運動エネルギー項のみからなり

$$L = \frac{1}{2}(I_1\omega_1^2 + I_2\omega_2^2 + I_3\omega_1^2)$$

で与えられる。ここで
$\omega_1 = \dot\theta \sin\psi - \dot\phi \sin\theta \cos\psi$, $\omega_2 = \dot\theta \cos\psi + \dot\phi \sin\theta \sin\psi$, $\omega_3 = \dot\phi \cos\theta + \dot\psi$
である。ラグランジュの運動方程式は

$$\frac{\mathrm{d}}{\mathrm{d}t}\left(\frac{\partial L}{\partial \dot\theta}\right) - \frac{\partial L}{\partial \theta} = I_1\dot\omega_1 \sin\psi + I_2\dot\omega_2 \cos\psi$$
$$+ I_1\omega_1\omega_3 \cos\psi - I_2\omega_2\omega_3 \sin\psi + I_3\omega_3\dot\phi \sin\theta = 0 \quad (a)$$

$$\frac{\mathrm{d}}{\mathrm{d}t}\left(\frac{\partial L}{\partial \dot\phi}\right) - \frac{\partial L}{\partial \phi} = -I_1\dot\omega_1 \cos\psi + I_2\dot\omega_2 \sin\psi$$
$$+ I_1\omega_1\omega_3 \sin\psi + I_2\omega_2\omega_3 \cos\psi - I_3\omega_3\dot\theta = 0 \quad (b)$$

$$\frac{\mathrm{d}}{\mathrm{d}t}\left(\frac{\partial L}{\partial \dot\psi}\right) - \frac{\partial L}{\partial \psi} = I_3\dot\omega_3 - I_1\omega_1\omega_2 + I_2\omega_1\omega_2 = 0 \quad (c)$$

と求められる。これから (a) $\times \sin\psi -$ (b) $\times \cos\psi$, (a) $\times \cos\psi +$ (b) $\times \sin\psi$ および (c) をまとめると，$\omega_1, \omega_2, \omega_3$ は方程式

$$I_1\dot\omega_1 - (I_2 - I_3)\omega_2\omega_3 = 0$$
$$I_2\dot\omega_2 - (I_3 - I_1)\omega_3\omega_1 = 0$$
$$I_3\dot\omega_3 - (I_1 - I_2)\omega_1\omega_2 = 0$$

を満たす。この方程式は**オイラーの方程式**と呼ばれる。

第 8 章

8.1 質点の鉛直線となす角を図 8.4 のようにとると，ラグランジアンは

$$L = \frac{m}{2}l^2\dot\theta_1^2 + \frac{m}{2}l^2\dot\theta_2^2 - mgl(1 - \cos\theta_1) - mgl(1 - \cos\theta_2)$$
$$- \frac{1}{2}kl^2\{(\sin\theta_1 - \sin\theta_2)^2 + (\cos\theta_1 - \cos\theta_2)^2\}$$

となる。これより微小振動のラグランジアンは

$$L = \frac{m}{2}l^2(\dot\theta_1^2 + \dot\theta_2^2) - \frac{mgl}{2}(\theta_1^2 + \theta_2^2) - \frac{1}{2}kl^2(\theta_1 - \theta_2)^2$$

となる。運動方程式は

$$\frac{\mathrm{d}}{\mathrm{d}t}\left(\frac{\partial L}{\partial \dot\theta_1}\right) - \frac{\partial L}{\partial \theta_1} = ml^2\ddot\theta_1 + (mgl + kl^2)\theta_1 - kl^2\theta_2 = 0$$

$$\frac{\mathrm{d}}{\mathrm{d}t}\left(\frac{\partial L}{\partial \dot\theta_2}\right) - \frac{\partial L}{\partial \theta_2} = ml^2\ddot\theta_2 - kl^2\theta_1 + (mgl + kl^2)\theta_2 = 0$$

である。固有方程式は

$$\det\begin{vmatrix} \dfrac{g}{l}+\dfrac{k}{m}-\omega^2 & -\dfrac{k}{m} \\ -\dfrac{k}{m} & \dfrac{g}{l}+\dfrac{k}{m}-\omega^2 \end{vmatrix} = \left(\dfrac{g}{l}+\dfrac{k}{m}-\omega^2\right)^2 - \dfrac{k^2}{m^2} = 0$$

で与えられるので，固有振動数は
$$\omega_1^2 = \dfrac{g}{l},\ \omega_2^2 = \dfrac{g}{l}+2\dfrac{k}{m}$$
で与えられ，基準振動は
$$Q_1 = A_1 \sin(\omega_1 t + \alpha_1),\ Q_2 = A_2 \sin(\omega_2 t + \alpha_2)$$
となる。固有方程式の解は ω_1, ω_2 に対して
$$a^{(1)} = \dfrac{1}{\sqrt{2}}\begin{pmatrix} 1 \\ 1 \end{pmatrix},\ a^{(2)} = \dfrac{1}{\sqrt{2}}\begin{pmatrix} 1 \\ -1 \end{pmatrix}$$
となる。したがって解は
$$\theta_1 = \dfrac{1}{\sqrt{2}}(Q_1 + Q_2)$$
$$\theta_2 = \dfrac{1}{\sqrt{2}}(Q_1 - Q_2)$$
で与えられる。$t=0$ で $\theta_1(0) = \theta_2(0) = 0,\ \dot\theta_1(0) = b,\ \dot\theta_2(0) = 0$ という初期条件を与えたとすると (b は定数)，$Q(t), Q_2(t)$ に対しては
$$Q_1(0) = Q_2(0) = 0,\ \dot Q_1(0) = \dot Q_2(0) = \dfrac{1}{\sqrt{2}}b$$
となるので
$$Q_1(t) = \dfrac{b}{\sqrt{2}\,\omega_1}\sin(\omega_1 t),\ Q_2(t) = \dfrac{b}{\sqrt{2}\,\omega_2}\sin(\omega_2 t)$$
と求められる。いま，ばねの力が弱く
$$\dfrac{k}{m} \ll \dfrac{g}{l}$$
という条件が成り立つとする。そこで
$$2\varepsilon = \dfrac{\dfrac{k}{m}}{\dfrac{g}{l}}$$
で微小パラメーター ε を定義すると
$$\omega_2 = \omega_1\sqrt{1+2\varepsilon} \approx \omega_1(1+\varepsilon)$$
となる。変位において ε の1次のオーダーの項を無視すると，θ_1, θ_2 は
$$\theta_1 = \dfrac{b}{\sqrt{2}\,\omega_1}(\sin\omega_1 t + \sin\omega_1(1+\varepsilon)t) = \dfrac{\sqrt{2}\,b}{\omega_1}\sin(\omega_1 t)\cos(\omega_1\varepsilon t)$$
$$\theta_2 = \dfrac{b}{\sqrt{2}\,\omega_1}(\sin\omega_1 t - \sin\omega_1(1+\varepsilon)t) = -\dfrac{\sqrt{2}\,b}{\omega_1}\cos(\omega_1 t)\sin(\omega_1\varepsilon t)$$
で与えられる。周期 $T_1 = \dfrac{2\pi}{\omega_1}$ の振動に比べ，$T_2 = \dfrac{2\pi}{\omega_2\varepsilon}$ の周期は非常に大きい。このため振動数 ω_1 の振動の振幅が $\dfrac{\sqrt{2}\,b}{\omega_1}\cos(\omega_1\varepsilon t)$ で変化しているとみなせる (**うなり現象**)。時刻 $\dfrac{T_2}{4}$ 後には θ_1 の振幅はゼロになるが，このとき θ_2 の振幅は最大になっている。さらに $\dfrac{T_4}{4}$ 後にはその役割は入れ替わる (この現象は**エネルギーの汲み移し**と呼ばれる)。

章末問題　解答

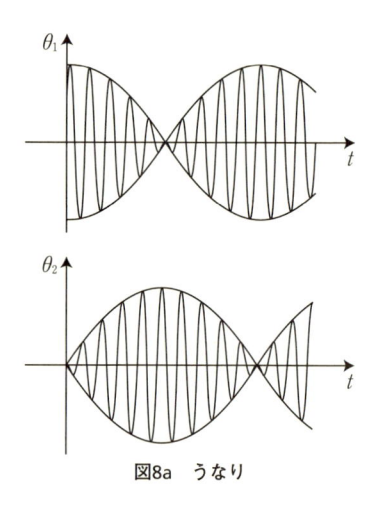

図8a　うなり

8.2 (1) 極座標 (r, θ, φ) で考えると
$$r = a, \quad \varphi = \omega t + \alpha$$
となるので，運動エネルギーは
$$T = \frac{m}{2}\left(\dot{r}^2 + r^2\dot{\theta}^2 + r^2\sin^2\theta\dot{\varphi}^2\right) = \frac{m}{2}a^2(\dot{\theta}^2 + \omega^2\sin^2\theta)$$
で与えられる。ポテンシャルエネルギーは $U = mga\cos\theta$ なので，ラグランジアンは
$$L = \frac{m}{2}a^2(\dot{\theta}^2 + \omega^2\sin^2\theta) - mga\cos\theta$$

(2) このラグランジアンは 1 次元のポテンシャル
$$U(\theta) = mga\cos\theta - \frac{ma^2\omega^2}{2}\sin^2\theta$$
のもとでの運動と同じである。その平衡点は $U(\theta)$ の微分をゼロとするような θ を求めることでわかる。
$$\frac{\mathrm{d}U(\theta)}{\mathrm{d}\theta} = ma\sin\theta(-g - a\omega^2\cos\theta) = 0$$
より，
- $g > a\omega^2$ の場合，$\sin\theta = 0$。つまり $\theta = 0, \pi$ となる。
- $g < a\omega^2$ の場合，$\sin\theta = 0$ に対応する $\theta = 0, \pi$，$\cos\theta = -\dfrac{g}{a\omega^2}$ を満たす θ。

これを θ_0 とおく。

(3) 平衡点のまわりでポテンシャルを展開する。
$g > a\omega^2$ の場合，
- $\theta = 0$ の近傍では
$$U(\theta) = mga + \frac{ma}{2}(-g - a\omega^2)\theta^2 + \cdots$$
と展開され，この点は不安定である。

174

- $\theta = \pi$ の近傍では，$\theta = \pi + x$ と置いて
$$U = -mga + \frac{ma}{2}(g - a\omega^2)x^2 + \cdots$$
となるので $\theta = \pi$ は安定な点。このときの微小振動の振動数は
$$\sqrt{\frac{g}{a} - \omega^2}$$
となる。

$g < a\omega^2$ の場合，上の展開式より
- $\theta = 0, \pi$ は不安定な平衡点。
- $\theta = \theta_0 + x$ と置いて，x について展開すると
$$U = mga\cos\theta_0 - \frac{ma^2\omega^2}{2}\sin^2\theta_0 - \frac{ma}{2}\left(g\cos\theta_0 - a\omega^2(1 - 2\cos^2\theta_0)\right)x^2 + \cdots$$
$$= mga\cos\theta_0 - \frac{ma^2\omega^2}{2}\sin^2\theta_0 + \frac{1}{2}ma^2\left(\omega^2 - \frac{g^2}{a^2\omega^2}\right)x^2 + \cdots$$
となるので，微小振動の振動数は
$$\sqrt{\omega^2 - \frac{g^2}{a^2\omega^2}}$$
で与えられる。

8.3 図 8.6 のような座標をとると重心の座標は $(l\sin\theta_1 + \frac{L}{2}\sin\theta_2, l\cos\theta_1 + \frac{L}{2}\cos\theta_2)$ と表され，速度は $(l\cos\theta_1\dot\theta_1 + \frac{L}{2}\cos\theta_2\dot\theta_2, -l\sin\theta_1\dot\theta_1 - \frac{L}{2}\sin\theta_2\dot\theta_2)$ となる。重心のまわりの慣性モーメントは $I = \frac{M}{12}L^2$ となるので，この系のラグランジアンは重心の運動エネルギーと回転の運動エネルギーを考えて
$$L = \frac{M}{2}\left\{(l\cos\theta_1\dot\theta_1 + \frac{L}{2}\cos\theta_2\dot\theta_2)^2 + (l\sin\theta_1\dot\theta_1 + \frac{L}{2}\sin\theta_2\dot\theta_2)^2\right\}$$
$$+ \frac{M}{24}L^2\dot\theta_2^2 + Mg(l\cos\theta_1 + \frac{L}{2}\cos\theta_2)$$
となる。微小振動の場合 L は
$$L = \frac{M}{2}(l^2\dot\theta_1^2 + lL\dot\theta_1\dot\theta_2 + \frac{1}{3}L^2\dot\theta_2^2) - \frac{Mg}{2}(l\theta_1^2 + \frac{L}{2}\theta_2^2) + 定数$$
となる。ラグランジュの運動方程式は
$$\frac{\mathrm{d}}{\mathrm{d}t}\left(\frac{\partial L}{\partial \dot\theta_1}\right) - \frac{\partial L}{\partial \theta_1} = Ml^2\ddot\theta_1 + \frac{MlL}{2}\ddot\theta_2 + Mgl\theta_1 = 0$$
$$\frac{\mathrm{d}}{\mathrm{d}t}\left(\frac{\partial L}{\partial \dot\theta_2}\right) - \frac{\partial L}{\partial \theta_2} = \frac{MlL}{2}\ddot\theta_1 + \frac{M}{3}L^2\ddot\theta_2 + \frac{MgL}{2}\theta_2 = 0$$
となる。固有振動解 $\theta_1 = A_1\sin(\omega t + \alpha_1)$, $\theta_2 = A_2\sin(\omega t + \alpha_2)$ を代入すると，A_1, A_2 は連立方程式
$$(g - l\omega^2)A_1 - \frac{L}{2}\omega^2 A_2 = 0$$
$$-\frac{l}{2}\omega^2 A_1 + \left(\frac{g}{2} - \frac{L}{3}\omega^2\right)A_2 = 0$$
を満たす。この方程式の非自明な解が存在するには永年方程式

章末問題　解答

$$\begin{vmatrix} g - l\omega^2 & -\dfrac{L}{2}\omega^2 \\ -\dfrac{l}{2}\omega^2 & \dfrac{g}{2} - \dfrac{L}{3}\omega^2 \end{vmatrix} = 0$$

が成り立つことが必要である。この方程式は

$$(g - l\omega^2)\left(\dfrac{g}{2} - \dfrac{L}{3}\omega^2\right) - \dfrac{Ll}{4}\omega^4 = \dfrac{Ll}{12}\omega^4 - g\left(\dfrac{l}{2} + \dfrac{L}{3}\right)\omega^2 + \dfrac{g^2}{2} = 0$$

となる。これを解いて固有振動数は

$$\omega^2 = g\,\dfrac{3l + 2L \pm \sqrt{9l^2 + 6lL + 4L^2}}{lL}$$

と求められる。

第 9 章

9.1 z 軸のまわりに角速度 ω で回転している回転座標系における質点のラグランジアンは，(6.53) に重力のポテンシャルを代入して

$$L = \dfrac{m}{2}(\dot{x}'^2 + \dot{y}'^2 + \dot{z}'^2) + \dfrac{m}{2}\omega^2((x')^2 + (y')^2) + m\omega(x'\dot{y}' - \dot{x}'y') - mgz'$$

で与えられる。いま，質点が曲面 $f(x', y', z') = 0$ に束縛されているとすると，ラグランジュの未定乗数 λ を用いてラグランジアン

$$L = \dfrac{m}{2}(\dot{x}'^2 + \dot{y}'^2 + \dot{z}'^2) + \dfrac{m}{2}\omega^2((x')^2 + (y')^2) + m\omega(x'\dot{y}' - \dot{x}'y') - mgz' \\ + \lambda f(x', y', z')$$

を考える。平衡点は速度ゼロのときのポテンシャル

$$U(x', y', z') = mgz' - \dfrac{1}{2}m\omega^2((x')^2 + (y')^2) - \lambda f(x', y', z')$$

の極値を求めればよい。いま，質点は球面上に束縛されているので，$f(x', y', z') = (x')^2 + (y')^2 + (z')^2 - a^2$ を代入する。すると平衡条件は

$$\dfrac{\partial U}{\partial x'} = -m\omega^2 x' - \lambda x' = 0$$

$$\dfrac{\partial U}{\partial y'} = -m\omega^2 y' - \lambda y' = 0$$

$$\dfrac{\partial U}{\partial z'} = mg - \lambda z' = 0$$

第 3 式より

$$\lambda = \dfrac{mg}{z'}$$

を得る。これを第 1, 2 式に代入すると

$$x' = -\dfrac{g}{\omega^2}\dfrac{x'}{z'}, \quad y' = -\dfrac{g}{\omega^2}\dfrac{y'}{z'}$$

を得る。ただし $(x')^2 + (y')^2 + (z')^2 - a^2 = 0$ を満たしている。この解は
- $x' = y' = 0, z' = \pm a$

176

- $(x')^2 + (y')^2 = a^2 - \dfrac{\omega^4}{g^2}$, $z' = -\dfrac{\omega}{g}$。これは $a > \dfrac{\omega^2}{g}$ のとき存在する。

9.2 極座標 (r, θ) を使うとラグランジアンは，ラグランジュの未定乗数 λ を導入して

$$L = \frac{m}{2}(\dot{r}^2 + r^2\dot{\theta}^2) + mgr\cos\theta + \lambda(r - l)$$

と書ける。運動方程式は

$$\frac{\mathrm{d}}{\mathrm{d}t}\left(\frac{\partial L}{\partial \dot{r}}\right) - \frac{\partial L}{\partial r} = m\ddot{r} - mr\dot{\theta}^2 - mg\cos\theta - \lambda = 0$$

$$\frac{\mathrm{d}}{\mathrm{d}t}\left(\frac{\partial L}{\partial \dot{\theta}}\right) - \frac{\partial L}{\partial \theta} = \frac{\mathrm{d}}{\mathrm{d}t}(mr^2\dot{\theta}) + mgr\sin\theta = 0$$

$r = l$ を使うと

$$-ml\dot{\theta}^2 - mg\cos\theta - \lambda = 0$$

$$\ddot{\theta} + \frac{g}{l}\sin\theta = 0$$

となる。第 2 式は振り子の方程式，第 1 式は

$$ml\dot{\theta}^2 = -mg\cos\theta - \lambda$$

と書き直すと，これは動径方向の運動方程式を表しており，張力 T は

$$T = -\lambda = ml\dot{\theta}^2 + mg\cos\theta$$

で与えられる。

9.3 ひもの形を $y = y(x)$ とする。ひもの線密度を ρ とすると，重力による位置エネルギーは

$$U = \rho g \int_{-a}^{a} y\sqrt{1 + (y')^2}\, \mathrm{d}x$$

となる。ただし，ひもの長さは L なので，$y(x)$ は

$$L = \int_{-a}^{a} \mathrm{d}x \sqrt{1 + (y')^2}$$

という束縛条件を満たさなければならない。そこで，ラグランジュの未定乗数 λ を導入し，汎関数

$$I = \int_{-a}^{a} y\sqrt{1 + (y')^2}\, \mathrm{d}x + \lambda\left(\int_{-a}^{a} \sqrt{1 + (y')^2}\, \mathrm{d}x - L\right)$$

の極値を求める。$F(x, y, y') = y\sqrt{1 + (y')^2} - \lambda\sqrt{1 + (y')^2}$ と置いて，オイラー–ラグランジュ方程式を計算すると

$$\frac{\mathrm{d}}{\mathrm{d}x}\left(\frac{\partial F}{\partial y'}\right) - \frac{\partial F}{\partial y} = \frac{-1 - (y')^2 + (y + \lambda)y''}{(1 + (y')^2)^{\frac{3}{2}}} = 0$$

が得られる。したがって $(y + \lambda)y'' = 1 + (y')^2$ となり，これを

$$\frac{2y'y''}{1 + (y')^2} = \frac{2y'}{y + \lambda}$$

と変形すると，左辺は $\log(1 + (y')^2)$ の x 微分，右辺は $2\log(y + \lambda)$ の x 微分と書かれるので

$$\log(1 + (y')^2) = 2\log(y + \lambda) + 定数$$

を得る。したがって C を定数として $1 + (y')^2 = C(y + \lambda)^2$ と書き表すことができる。$x = 0$ で $y' = 0$ となるように (x, y) 座標の原点をとることにすると，定数 C は $C = 1/\lambda^2$ と決まる。$y(x)$ は偶関数であり，$x > 0$ での関数型を求めればよい。

微分方程式
$$\frac{dy}{dx} = \sqrt{\left(\frac{y}{\lambda}+1\right)^2 - 1}$$
より
$$x = \int_0^y dy \frac{1}{\sqrt{\left(\frac{y}{\lambda}+1\right)^2 - 1}}$$
となるが，変数変換 $\frac{y}{\lambda} + 1 = \cosh t$ を行うと，$x = \lambda t$ と積分される．したがって
$$\frac{y}{\lambda} = \cosh\frac{x}{\lambda} - 1$$
が求める曲線である．λ は曲線の長さが L であるという条件
$$L = 2\int_0^a \sqrt{1 + \sinh^2\frac{x}{\lambda}}\, dx = 2\lambda \sinh\left(\frac{a}{\lambda}\right)$$
により決まる．

第 10 章

10.1 (1) ラグランジアンは極座標を用いて
$$L = \frac{m}{2}(\dot{r}^2 + r^2\dot{\theta}^2 + r^2\sin^2\theta\dot{\varphi}^2) - U(r)$$
で与えられ，r, θ, φ に共役な運動量は
$$p_r = m\dot{r}$$
$$p_\theta = mr^2\dot{\theta}$$
$$p_\varphi = mr^2\sin^2\theta\dot{\varphi}$$
で与えられる．これよりハミルトニアンは
$$H = \frac{1}{2m}\left(p_r^2 + \frac{p_\theta^2}{r^2} + \frac{p_\varphi^2}{r^2\sin^2\theta}\right) + U(r)$$
となる．

(2) 正準方程式は
$$\dot{r} = \frac{\partial H}{\partial p_r} = \frac{p_r}{m}$$
$$\dot{\theta} = \frac{\partial H}{\partial p_\theta} = \frac{p_\theta}{mr^2}$$
$$\dot{\varphi} = \frac{p_\varphi}{mr^2\sin^2\theta}$$
および
$$\dot{p}_r = -\frac{\partial H}{\partial r} = \frac{p_\theta^2}{mr^3} + \frac{p_\varphi^2}{mr^3\sin^2\theta} - \frac{dU}{dr}$$
$$\dot{p}_\theta = -\frac{\partial H}{\partial \theta} = \frac{\cos\theta\, p_\varphi^2}{mr^2\sin^3\theta}$$
$$\dot{p}_\varphi = -\frac{\partial H}{\partial \varphi} = 0$$

となる。φ は循環座標である。

10.2 (1) θ の共役運動量を p_θ とすると
$$p_\theta = \frac{\partial L}{\partial \dot{\theta}} = ml^2 \dot{\theta}$$
となり，$\dot{\theta} = \frac{p_\theta}{ml^2}$ と表されるので，ハミルトニアン H は
$$H = p_\theta \dot{\theta} - L = \frac{p_\theta^2}{2ml^2} + mgl(1 - \cos\theta)$$
となる。

(2) 微小振動の場合ハミルトニアンは
$$H = \frac{p_\theta^2}{2ml^2} + \frac{mgl}{2}\theta^2$$
となる。したがって正準方程式は
$$\dot{\theta} = \frac{\partial H}{\partial p_\theta} = \frac{p_\theta}{ml^2}, \quad \dot{p}_\theta = -\frac{\partial H}{\partial \theta} = -mgl\theta$$
となる。これより p_θ を消去すると $\ddot{\theta} = -\frac{g}{l}\theta$ と単振動の運動方程式になるので
$$\theta = A\sin(\omega t + \alpha), \quad \omega = \sqrt{\frac{g}{l}} \quad (A, \alpha \text{ は定数})となり，$$
$$p_\theta = ml^2\dot{\theta} = ml^2 A\omega \cos(\omega t + \alpha)$$
となる。

(3) (2) の運動方程式の解をハミルトニアンの表式に代入して，全エネルギー E を求めると
$$E = \frac{mglA^2}{2}$$
となる。周期 $T = \frac{2\pi}{\omega}$ なので
$$\bar{K} = \frac{1}{T}\int_0^T dt \frac{p_\theta^2}{2ml^2} = \frac{1}{T}\int_0^T dt \frac{A^2 m^2 l^4 \omega^2}{2ml^2}\cos^2(\omega t + \alpha) = \frac{A^2 ml^2 \omega^2}{4} = \frac{E}{2}$$
$$\bar{U} = \frac{1}{T}\int_0^T dt \frac{mgl\theta^2}{2} = \frac{1}{T}\int_0^T dt \frac{A^2 mgl}{2}\sin^2(\omega t + \alpha) = \frac{A^2 mgl}{4} = \frac{E}{2}$$
となる。ハミルトニアン $H = \frac{p^2}{2m} + U(x)$, $U(x) = kx^n$ で記述される周期運動について $\bar{K} = \frac{2}{n+2}E$, $\bar{U} = \frac{n}{n+2}E$ が成り立つことが知られている。これは**ビリアル定理**と呼ばれている。

10.3 (1)
$$\boldsymbol{p} = \frac{\partial L}{\partial \dot{\boldsymbol{r}}} = -mc^2 \frac{-\frac{2\dot{\boldsymbol{r}}}{c^2}}{2\sqrt{1 - \frac{\dot{\boldsymbol{r}}^2}{c^2}}} = \frac{m\dot{\boldsymbol{r}}}{\sqrt{1 - \frac{\dot{\boldsymbol{r}}^2}{c^2}}}$$
となる。

(2) $\boldsymbol{p}$ は $\dot{\boldsymbol{r}}$ に比例するので，$\boldsymbol{p} = \alpha \dot{\boldsymbol{r}}$ とおいて (1) に代入すると
$$\alpha = \frac{m}{\sqrt{1 - \frac{\boldsymbol{p}^2}{\alpha^2 c^2}}}$$

これを解いて $\alpha = \dfrac{1}{c}\sqrt{m^2c^2 + \boldsymbol{p}^2}$ を得る。したがってハミルトニアンは

$$H = \boldsymbol{p}\cdot\dot{\boldsymbol{r}} - L$$
$$= \dfrac{\boldsymbol{p}^2}{\alpha} + mc^2\sqrt{1 - \dfrac{\boldsymbol{p}^2}{\alpha^2 c^2}} + V(\boldsymbol{r})$$
$$= c\sqrt{\boldsymbol{p}^2 + m^2c^2} + V(\boldsymbol{r})$$

となる。$|\boldsymbol{p}| \ll mc$ の場合，H は

$$H = mc^2 + \dfrac{\boldsymbol{p}^2}{2m} + V(\boldsymbol{r}) + \cdots$$

と展開され，通常の(非相対論的な)ハミルトニアンとなる。

第 11 章

11.1(1) 3 次元極座標を使うと $\boldsymbol{r},\ \boldsymbol{p}$ は

$$\boldsymbol{r} = r\boldsymbol{e}_r$$
$$\boldsymbol{p} = p_r\boldsymbol{e}_r + \dfrac{p_\theta}{r}\boldsymbol{e}_\theta + \dfrac{p_\varphi}{r\sin\theta}\boldsymbol{e}_\varphi$$

となる。したがって

$$\boldsymbol{L} = p_\theta \boldsymbol{e}_\varphi - \dfrac{p_\varphi}{\sin\theta}\boldsymbol{e}_\theta \qquad (*)$$

となり，これから

$$\boldsymbol{L}^2 = p_\theta^2 + \dfrac{p_\varphi^2}{\sin^2\theta}$$

を得る。
(2)(*)式より

$$L_3 = p_\varphi$$

となる。

11.2(1)式(*)を逆に解くと

$$x = \dfrac{1}{\sqrt{2m\omega}}\,(a + a^*)$$
$$p_x = -\sqrt{\dfrac{m\omega}{2}}\,(a - a^*)$$

を $H = \dfrac{p_x^2}{2m} + \dfrac{1}{2}m\omega^2 x^2$ に代入すると

$$H = \omega a^* a$$

となる。
(2)

$$\dfrac{\partial H}{\partial x} = \dfrac{\partial H}{\partial a}\dfrac{\partial a}{\partial x} + \dfrac{\partial H}{\partial a^*}\dfrac{\partial a^*}{\partial x} = \sqrt{\dfrac{m\omega}{2}}\left(\dfrac{\partial H}{\partial a} + \dfrac{\partial H}{\partial a^*}\right)$$

$$\dfrac{\partial H}{\partial p_x} = \dfrac{\partial H}{\partial a}\dfrac{\partial a}{\partial p_x} + \dfrac{\partial H}{\partial a^*}\dfrac{\partial a^*}{\partial p_x} = \dfrac{i}{\sqrt{2m\omega}}\left(\dfrac{\partial H}{\partial a} - \dfrac{\partial H}{\partial a^*}\right)$$

より

$$
\begin{aligned}
\dot{a} &= \sqrt{\frac{m\omega}{2}}\,\dot{x} + \frac{i}{\sqrt{2m\omega}}\,\dot{p}_x \\
&= \sqrt{\frac{m\omega}{2}}\,\frac{\partial H}{\partial p_x} - \frac{i}{\sqrt{2m\omega}}\,\frac{\partial H}{\partial x} \\
&= \sqrt{\frac{m\omega}{2}}\,\frac{i}{\sqrt{2m\omega}}\left(\frac{\partial H}{\partial a} - \frac{\partial H}{\partial a^*}\right) - \frac{i}{\sqrt{2m\omega}}\sqrt{\frac{m\omega}{2}}\left(\frac{\partial H}{\partial a} + \frac{\partial H}{\partial a^*}\right) \\
&= -i\,\frac{\partial H}{\partial a^*}
\end{aligned}
$$

となる。同様に

$$\dot{a}^* = i\,\frac{\partial H}{\partial a}$$

が示される。$H = \omega a^* a$ を代入すると

$$\dot{a} = -i\omega a, \quad \dot{a}^* = i\omega a^*$$

となる。この解は

$$a(t) = a(0)e^{-i\omega t}, \quad a^*(t) = a^*(0)e^{i\omega t}$$

となる。

(3) $\{x, p_x\} = 1$ より

$$
\begin{aligned}
\{a, a^*\} &= \left\{\sqrt{\frac{m\omega}{2}}\,x + \frac{i}{\sqrt{2m\omega}}\,p_x,\ \sqrt{\frac{m\omega}{2}}\,x - \frac{i}{\sqrt{2m\omega}}\,p_x\right\} \\
&= -\frac{i}{2}\{x, p_x\} + \frac{i}{2}\{p_x, x\} = -i
\end{aligned}
$$

となる。

第 12 章

12.1 積分は，変数変換 $u = \cot\theta$ により，$du = -\dfrac{1}{\sin^2\theta}\,d\theta$ に注意すると

$$-\int du\,\frac{\alpha_3}{\sqrt{\alpha_2^2 - \alpha_3^2 - \alpha_3^2 u^2}}$$

と書き直すことができる。$\alpha_2^2 = \boldsymbol{L}^2,\ \alpha_3^2 = L_z^2$ なので $\alpha_2^2 - \alpha_3^2 > 0$ となる。

したがって $k^2 = \dfrac{\alpha_2^2 - \alpha_3^2}{\alpha_3^2}$ とおくと，$k^2 > 0$ であることに注意する。そこで変数変換 $u = kx$ を行うと，積分は

$$-\int dx\,\frac{1}{\sqrt{1-x^2}} = -\sin^{-1}x + \text{定数}$$

したがって積分した結果は

$$-\sin^{-1}\frac{\cot\theta}{k} + \text{定数}$$

となる。したがって (12.56) の最後の式は (β_3 に定数項を吸収して)

$$\beta_3 - \varphi = \pm\sin^{-1}\frac{\cot\theta}{k}$$

となる。たとえば+符号をとり，これを書き直すと

$$k \sin\beta_3 \cos\varphi \sin\theta - k \cos\beta_3 a \sin\varphi \sin\theta - \cos\theta = 0$$

となる。動径座標 r を掛けると，この式は

$$k \sin\beta_3 \, x - k \cos\beta_3 \, y - z = 0$$

と書き換えることができ，これは運動が平面内で起きることを意味する。

12.2 運動方程式 $m\ddot{x} = F$ の解は $x = \dfrac{F}{2m} t^2 + v_0 t + x_0$ という形で与えられる。$t = t_1$ で $x = x_1$, $t = t_2$ で $x = x_2$ なので

$$x_1 = \frac{F}{2m} t_1^2 + v_0 t_1 + x_0$$

$$x_2 = \frac{F}{2m} t_2^2 + v_0 t_2 + x_0$$

これより

$$v_0 = \frac{x_2 - x_1}{t_2 - t_1} - \frac{F}{2m}(t_2 + t_1), \quad x_0 = \frac{x_1 t_2 - x_2 t_1}{t_2 - t_1} + \frac{F}{2m} t_1 t_2$$

と求められる。L に運動方程式の解を代入すると，$\dot{x} = \dfrac{F}{m} t + v_0$ に注意して

$$L = \frac{m}{2}\left(\frac{F}{m} t + v_0\right)^2 - F\left(\frac{F}{2m} t^2 + v_0 t + x_0\right)$$

$$= \frac{m}{2} v_0^2 - F x_0$$

を得る。したがって作用は

$$S = \frac{m}{2} v_0^2 (t_2 - t_1) - F x_0 (t_2 - t_1)$$

となり，v_0, x_0 の値を代入すると

$$S = \frac{m}{2} \frac{(x_2 - x_1)^2}{t_2 - t_1} - \frac{F}{2}(x_1 + x_2)(t_2 - t_1) + \frac{F^2}{8m}(t_2 - t_1)^3$$

となる。

12.3(1) 第10章章末問題10.2によりハミルトニアンは

$$H = \frac{p_\theta^2}{2ml^2} + \frac{mgl\theta^2}{2}$$

で与えられるので，$H = E$ を代入して $p_\theta = \pm\sqrt{2ml^2\left(E - \dfrac{mgl\theta^2}{2}\right)}$ となる。I は図の楕円により囲まれる面積に等しく，

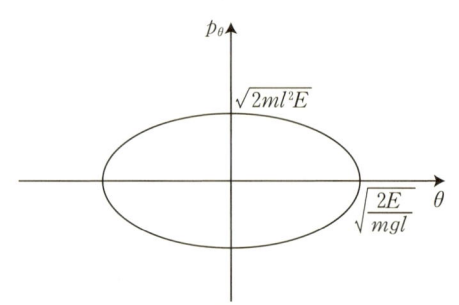

図12a　相空間における軌道

$$I = \pi\sqrt{2ml^2 E}\sqrt{\frac{2E}{mgl}} = 2\pi E\sqrt{\frac{l}{g}}$$

となる。

(2) l をゆっくりと微小変化させるとき,全エネルギーの変化において p_θ, θ が変わらないと仮定すれば,ハミルトニアンより

$$\delta E = -\frac{p_\theta^2}{2ml^3}2\delta l + \frac{mg\theta^2}{2}\delta l$$
$$= -2K\frac{\delta l}{l} + U\frac{\delta l}{l}$$

が得られる。ここで K は運動エネルギー,U はポテンシャルエネルギーである。ゆっくりと変化している場合,K, U をその時間平均 $\bar{K}$, $\bar{U}$ に置き換えることができる。問題 10.2 の (3) の結果を使うと $\bar{K} = \bar{U} = \dfrac{E}{2}$ となり,

$$\delta E = -2\frac{E}{2}\frac{\delta l}{l} + \frac{E}{2}\frac{\delta l}{l} = -\frac{E}{2}\frac{\delta l}{l}$$

を得る。したがって

$$\delta I = 2\pi\delta E\sqrt{\frac{l}{g}} + 2\pi E\sqrt{\frac{l}{g}}\left(\frac{1}{2}\frac{\delta l}{l}\right)$$
$$= 2\pi\left(-\frac{E}{2}\frac{\delta l}{l}\right)\sqrt{\frac{l}{g}} + 2\pi E\sqrt{\frac{l}{g}}\left(\frac{1}{2}\frac{\delta l}{l}\right) = 0$$

となり,I は変化しない。

参考文献

 解析力学に関してこれまでに多くのすぐれた本が出版されている。すべてをここで挙げることはできないが，この本を書くにあたり参考にした本を中心に挙げておく。
 まず解析力学をさらに進んで勉強したい人は
[1] L.D. ランダウ，E.M. リフシッツ (広重徹，水戸巌訳)，『力学 (増訂第 3 版)』，東京図書 (1983)
[2] L.D. ランダウ，E.M. リフシッツ (恒藤敏彦，広重巌訳)，『場の古典論 (原著第 6 版)』，東京図書 (1978)
[3] 山内恭彦，『一般力学 (増訂第 3 版)』，岩波書店 (1981)
[4] 伏見康治，『現代物理学を学ぶための古典力学』，岩波書店 (1964)
[5] Herbert Goldstein, Charles Poole and John Safko, "Classical Mechanics 3rd ed.", Addison Wesley(2002)
[6] [5] の邦訳 (矢野忠，江沢康生 , 渕崎員弘訳)『古典力学 (上，下)』，吉岡書店 (2006, 2009) をまず読むのが定番であろう。本書ではページ数の都合で扱えなかった散乱の問題も扱われている。

 解析力学の数学的な側面を学びたい人は
[7] V.I. アーノルド (安藤韶一，蟹江幸博，丹羽敏雄訳)，『古典力学の数学的方法』，岩波書店 (1980)
[8] 山本義隆，中村孔一，『解析力学 I,II 朝倉物理学大系』，朝倉書店 (1998)
[9] 深谷賢治，『解析力学と微分形式 岩波講座現代数学への入門』，岩波書店 (1996)
がある。

 解析力学を含む力学の物理的な意味を詳しく解説している本として
[10] Cornelius Lanczos, "The Variational Principles of Mechanics, Fourth Edition", Dover Publication(1986)
[11] 米谷民明，『力学 物理学基礎シリーズ 1』，培風館 (1993)
[12] 高橋康，『量子力学を学ぶための解析力学入門』，講談社 (1978)
がある。

 他にも特色ある本として以下の本を挙げておく。
[13] V.D. バーガー，M.G. オルソン (戸田盛和 , 田上由紀子訳)，『力学 — 新しい視点にたって』，培風館 (1975)
[14] 大貫義郎，『解析力学 物理テキストシリーズ 2』，岩波書店 (1987)
[15] 市村宗武，『力学，朝倉現代物理学講座 1』，朝倉書店 (1982)
[16] 小出昭一郎，『解析力学 物理入門コース 2』，岩波書店 (1983)
[17] 久保謙一，『解析力学』，裳華房 (2001)
[18] 宮下清二，『解析力学』，裳華房 (2000)
[19] 江沢洋，『解析力学 新物理学シリーズ 36』，培風館 (2007)
[20] 石川健三，『解析力学入門』，培風館 (2007)

索引

アルファベット

N 質点系のラグランジアン　30

あ

安定な平衡点　89, 94
一般化運動量　33
一般化座標　31, 32
一般化力　18, 34
運動エネルギー　16
運動方程式　1
運動量の保存　42
永年方程式　93
円筒座標系　45
オイラー角　79
オイラーの方程式　108
オイラー–ラグランジュの方程式　111

か

回転系　62, 64
回転系におけるラグランジアン　67
回転座標系　66
角運動量の交換関係　141
角運動量の保存　43, 143
角運動量ベクトル　44
角速度　6
角速度ベクトル　64
可積分系　47
加速度　1, 3
加速度系　58
荷電粒子　23
換算質量　29
慣性主軸　76

慣性モーメント　75
慣性モーメントテンソル　76
慣性力　59
完全反対称テンソル　26, 63
基準座標　97
基準振動　97
基底ベクトルの変換公式　61
球面振り子　50
強制振動　90
共変的　132
共役な一般化運動量　40, 118
極座標　4, 9
クロネッカーのデルタ　26
減衰振動　91
懸垂線　117
交換関係　140
剛体　73
剛体の運動エネルギー　74
剛体の回転エネルギー　75
剛体の角運動量　78
恒等変換　137
固有振動数　93
固有方程式　93
コリオリ力　66

さ

最小作用の原理　112
最速降下線　109
作用　111, 151
作用反作用の法則　27
作用変数　161
重心　28
自由度　32, 51
自由落下　1
主慣性モーメント　76
縮退　95

187

循環座標　40, 118
条件付き変分問題　113
正準変換　134, 152
正準変換の生成関数　135
正準変数　134, 145
生成関数　135
線要素　105
相空間　124
相対性理論　130
測地線　114
速度　1, 3
束縛条件　48

た

対称こま　84
対称性　46
多自由度系　91
多自由度の振動　100
単位ベクトル　2
単振動　2, 22
断熱不変量　161
単振り子　49, 50
中心力ポテンシャル　22, 41, 158
超弦理論　103
調和振動子　2
直交行列　60
直交座標　2, 8
デカルト座標　2
転置行列　60
点変換　132, 137
動径　4

な

ナブラ　19
南部括弧式　149

2質点系のラグランジアン　28
2重振り子　52, 97
ネーターの定理　46

は

配位空間　32, 124
ばね　29
ハミルトニアン　121
ハミルトン関数　121
ハミルトンの原理　112
ハミルトンの主関数　156
ハミルトンの正準方程式　123
ハミルトン‐ヤコビの方程式　156, 157
汎関数　105
万有引力ポテンシャル　7
微小振動　88
ひも　103
ビリアル定理　179
不安定な平衡点　89, 94
フーコーの振り子　71
ブラキストクローン　109
プラトー問題　117
平衡の位置　89
平面極座標　4
ベクトルポテンシャル　24
ベルトランの定理　14
偏微分　5
変分　107
変分原理　112
ポアソンの括弧式　139
放物運動　7
母関数　135, 152
保存量　38, 139
保存力　19
ポテンシャル　19
ホロノミック　51

ま

無限小変換 147
モノポール 47

や

ヤコビアン 128
ヤコビの恒等式 143
ヤング率 102

ら

ラーマーの定理 72
ラグランジアン 20
ラグランジアン密度 102
ラグランジュの運動方程式 21
ラグランジュの未定乗数 115
ラグランジュの未定乗数法 115
リウビルの定理 130
量子力学 160
ルジャンドル変換 120
ローレンツ力 13

著者紹介　伊藤克司(いとうかつし)

1962年生まれ。
東京大学 大学院理学系研究科 物理学専攻 博士課程修了。理学博士。
現在、東京科学大学 理学院物理学系 教授。

NDC423 199p 22cm

講談社基礎物理学シリーズ　5

解析力学(かいせきりきがく)

2009年9月25日　第 1 刷発行
2025年2月13日　第12刷発行

著者　　　伊藤克司(いとうかつし)
発行者　　篠木和久
発行所　　株式会社 講談社
　　　　　〒112-8001 東京都文京区音羽2-12-21
　　　　　販売　(03)5395-5817
　　　　　業務　(03)5395-3615

KODANSHA

編集　　　株式会社 講談社サイエンティフィク
　　　　　代表　堀越俊一
　　　　　〒162-0825 東京都新宿区神楽坂2-14 ノービィビル
　　　　　編集　(03)3235-3701

ブックデザイン　鈴木成一デザイン室
印刷所　　株式会社KPSプロダクツ
製本所　　大口製本印刷株式会社

落丁本・乱丁本は購入書店名を明記の上、講談社業務宛にお送りください。送料小社負担でお取替えいたします。なお、この本の内容についてのお問い合わせは講談社サイエンティフィク宛にお願いいたします。定価はカバーに表示してあります。
© Katsushi Ito, 2009
本書のコピー、スキャン、デジタル化等の無断複製は著作権法上での例外を除き禁じられています。本書を代行業者等の第三者に依頼してスキャンやデジタル化することはたとえ個人や家庭内の利用でも著作権法違反です。

Printed in Japan
ISBN 978-4-06-157205-8

2つの量の関係を表す数学記号

記号	意味	英語	備考
$=$	に等しい	is equal to	
$\neq$	に等しくない	is not equal to	
$\equiv$	に恒等的に等しい	is identically equal to	
$\stackrel{\text{def}}{=}, \equiv$	と定義される	is defined as	
$\approx, \fallingdotseq$	に近似的に等しい	is approximately equal to	この意味で≃を使うこともある。≒は主に日本で用いられる。
$\propto$	に比例する	is proportional to	この意味で〜を用いることもある。
$\sim$	にオーダーが等しい	has the same order of magnitude as	オーダーは「桁数」あるいは「おおよその大きさ」を意味する。
$<$	より小さい	is less than	
$\leq, \leqq$	より小さいかまたは等しい	is less than or equal to	≦は主に日本で用いられる。
$\ll$	より非常に小さい	is much less than	
$>$	より大きい	is greater than	
$\geq, \geqq$	より大きいかまたは等しい	is greater than or equal to	≧は主に日本で用いられる。
$\gg$	より非常に大きい	is much greater than	
$\rightarrow$	に近づく	approaches	

演算を表す数学記号

記号	意味	英語	備考
$a+b$	加算,プラス	a plus b	
$a-b$	減算,マイナス	a minus b	
$a \times b$	乗算,掛ける	a multiplied by b, a times b	$a \cdot b$ と書くことと同義。文字式同士の乗算では ab のように省略するのが普通。
$a \div b$	除算,割る	a divided by b, a over b	a/b と書くことと同義。
a^2	a の2乗	a squared	
a^3	a の3乗	a cubed	
a^n	a の n 乗	a to the power n	
$\sqrt{a}$	a の平方根	square root of a	
$\sqrt[n]{a}$	a の n 乗根	n-th root of a	
a^*	a の複素共役	complex conjugate of a	
$|a|$	a の絶対値	absolute value of a	
$\langle a \rangle, \bar{a}$	a の平均値	mean value of a	
$n!$	n の階乗	n factorial	
$\sum_{k=1}^{n} a_k$	a_k の $k=1$ から n までの総和	sum of a_k over $k=1$ to n	
$\prod_{k=1}^{n} a_k$	a_k の $k=1$ から n までの総乗積	product of a_k over $k=1$ to n	